W0414359

DAS BUCH '

Phil Dobson

DAS BUCH DES DENKENS

Eine Gebrauchsanweisung für das Gehirn

MIDAS

Das Buch des Denkens

Eine Gebrauchsanweisung für das Gehirn

2. Auflage

© 2019 Midas Management Verlag AG
ISBN 978-3-907100-18-9

Die Deutsche Nationalbibliothek verzeichnet diese Publikation in der Deutschen Nationalbibliografie; detaillierte bibliografische Daten sind im Internet abrufbar über www.dnb.de

Übersetzung: Claudia Koch
Lektorat und Layout: Gregory C. Zäch
Fachliche Beratung: Klaus Schellhorn
Korrektorat: Petra Heubach-Erdmann

The Brain Book, © Phil Dobson | LID Publishing Ltd.
Alle deutschen Rechte vorbehalten

Midas Management Verlag AG
Dunantstrasse 3, CH-8044 Zürich
www.midas.ch, kontakt@midas.ch
Social Media: »midasverlag«

Alle Rechte vorbehalten. Die Verwendung der Texte und Bilder, auch auszugsweise, ist ohne schriftliche Zustimmung des Verlages urheberrechtswidrig und strafbar. Dies gilt insbesondere für die Vervielfältigung, Übersetzung oder die Verwendung in Kursunterlagen und elektronischen Systemen.

INHALT

EINFÜHRUNG

Warum lernen wir so wenig über unser Gehirn? Unser Gehirn ist das Einzige, was wir immer brauchen, egal, was wir tun. Aber eine Bedienungsanleitung bekommen wir dafür nicht.

Immer sind wir »beschäftigt«, arbeiten immer mehr und immer länger. Wir nehmen uns weniger Zeit für uns selbst, und unser Wohlbefinden leidet. Wir nehmen uns weniger Zeit für andere, was die zwischenmenschlichen Beziehungen stört. Wir fühlen uns müde, können uns schwer konzentrieren, und dazu fällt uns nur eines ein: noch mehr arbeiten. Dabei ist die Lösung, *smarter* zu arbeiten. Dieses Buch soll Ihnen helfen, die Prinzipien des Denkens und des Smart-Arbeitens zu verstehend – basierend auf unserem Wissen über das Gehirn.

Zuerst zeige ich Ihnen, wie Sie die Funktionen und die Fitness Ihres Hirns verbessern. Das ist ein logischer Ausgangspunkt, denn Sie lernen, wie Sie das System verbessern. Dann schauen wir uns an, wie Sie Ihr Gehirn jeden Tag besser einsetzen und dadurch produktiver und kreativer werden und sich besser erinnern. Danach erfahren Sie, wie Meditation hilft, Ihre Konzentration wie einen Muskel zu trainieren. Wenn Sie das Buch durchgelesen haben, wissen Sie, wie Sie sich selbst hypnotisieren können und mit mentalem Training Ihre Leistungen verbessern können – in fast jeden Bereich.

Nutzen Sie dieses Buch als Bedienungsanleitung und kehren Sie immer wieder hierher zurück. Setzen Sie die Änderungen sofort um und betrachten Sie alles als einen Lernprozess. Experimentieren Sie, machen Sie sich alles zu eigen und bauen Sie auf Ihre Erfolge auf.

MEINE REISE

Früher arbeitete ich als Wirtschaftsförderer, widmete jedoch einen Großteil meiner Zeit der Musik. 2007 brach ich mir den Knöchel, was eine unerwartete Wende in meiner Karriere bedeutete. Ich schulte um zum Hypnosetherapeuten und eröffnete zwei Jahre später eine Praxis in London.

Meine Erfahrungen mit der Therapie wirkten sich intensiv auf mich aus. Ich war erstaunt, welchen großen Einfluss wir auf unsere Emotionen, unser Verhalten und unsere Erlebnisse haben können. Mehr als je zuvor wurde mir bewusst, wie wenig wir über unser Gehirn lernen und wie sehr wir von mehr Wissen darüber profitieren könnten.

Ich analysierte, welche Prinzipien hinter meinem therapeutischen Wissen steckten, und kombinierte sie mit meinen Kenntnissen aus meinem Psychologiestudium. Ich begann, mit Unternehmen zu arbeiten, Leute zu unterrichten – in erster Linie ging es dabei um die Stressbewältigung am Arbeitsplatz.

Dennoch wollte ich die Hypnose besser verstehen, darum begann ich ein Studium der Neurowissenschaft. Ich war beruflich selbstständig, darum war ich natürlich besonders motiviert, »smart« zu arbeiten. Durch ein gewisses Verständnis für die Neurowissenschaft erhoffte ich mir auch dabei Hilfe.

Je mehr ich über das Gehirn gelernt und je besser ich mein Wissen angewendet habe, desto leichter wurde alles. Ich entdeckte Taktiken, um mental leistungsfähiger zu werden, entwickelte Systeme, um meine Produktivität zu steigern, und Techniken, um kreativer zu werden.

Inzwischen arbeite ich mit Unternehmern und Vorständen großer Firmen weltweit. Ihnen helfe ich, mein Wissen über das Gehirn in der Praxis einzusetzen und damit ihre Arbeitsleistung zu verbessern. Dieses Buch stellt die Tipps und Hinweise zusammen, die meinen Kunden am wertvollsten erschienen.

IHRE REISE

Lesen Sie zuerst die folgenden Kapitelbeschreibungen und schauen Sie dann kurz das ganze Buch durch. Damit bekommen Sie einen Überblick, was Sie hier erwartet, und können sich besser erinnern.

1. BESSERE HIRN-FITNESS

Zuerst untersuchen wir, welche Bedingungen für mentale Leistungen optimal sind – aus der Perspektive Ihres Hirns. Sie entdecken, wie Sie mit Stress umgehen, besser schlafen, mit Sport und Ernährung leistungsfähiger werden und wie Sie Ihr Hirn jung und anpassungsfähig halten.

2. BESSERE PRODUKTIVITÄT

Als Nächstes schauen wir, wie Sie Ihre Produktivität im Alltag verbessern, wie Sie Prioritäten setzen, Ihre mentale Energie sinnvoll einsetzen und sich besser konzentrieren, um Dinge schneller zu erledigen.

3. BESSERE KREATIVITÄT

Weiter geht es mit dem kreativen Hirn. Sie erfahren mehr über den Kreativprozess, Arten des kreativen Denkens, und warum tolle Ideen immer beim Duschen kommen. Sie entdecken, wie Sie Probleme besser lösen, umdenken und mehr und bessere Ideen entwickeln.

4. GEDÄCHTNIS VERBESSERN

In diesem Kapitel erfahren Sie, wie Sie Ihr Gedächtnis deutlich verbessern können. Sie lesen, wie der Erinnerungsprozess funktioniert, außerdem zeige ich Ihnen die wirksamsten Techniken zum Gedächtnistraining, um Listen, Namen und Gelesenes besser im Kopf zu behalten.

5. MEDITATION

Hier erfahren Sie, wie Sie mit Meditation mit der Zeit messbare Verbesserungen an Ihrer Hirnleistung erreichen. Sie lernen, wie Sie mit Achtsamkeit und Meditation Ihre Emotionen steuern, sich besser konzentrieren und Ihre Gesundheit und Ihr Wohlbefinden verbessern können.

6. DAS GEHIRN PROGRAMMIEREN

In diesem Kapitel entdecken Sie, wie Sie Ihr Gehirn programmieren, indem Sie seine Aufmerksamkeit erregen. Sie lernen, mit mentalen Übungen Ihre Verhaltensleistung und Ihre Fähigkeiten zu verbessern und Ihre emotionalen Reaktionen zu kontrollieren. Sie lernen sogar, sich selbst zu hypnotisieren.

7. FAZIT

Das Buch endet mit einer Übersicht der wertvollsten Einblicke aus jedem Kapitel. Dies ist nützlich, wenn Sie in ein paar Monaten wieder zu diesem Buch zurückkehren.

SO ARBEITEN SIE MIT DIESEM BUCH

Das erwartete Ergebnis: Überlegen Sie, was Sie lernen wollen und was Sie von diesem Buch erwarten. Was bringt es für Sie? Wozu soll es Sie befähigen? Vielleicht möchten Sie sich in Ihrem Kopf ein Bild von dieser gewünschten Zukunft machen. Das wird Ihnen helfen, Ihr Verhalten in die gewünschte Richtung zu ändern.

Versetzen Sie sich in den Lernzustand: Was nehmen Sie aktuell wahr? Wie geht es Ihnen physisch? Wie konzentriert sind Sie? Halten Sie einen Moment inne, schließen Sie die Augen und atmen Sie tief durch. Wenn Sie die Augen öffnen, werden Sie weniger abgelenkt sein und bereit zum Lernen.

Agieren und beobachten: Im Verlauf dieses Buches erläutere ich Prinzipien und biete praktische Tipps und Techniken an. Machen Sie sich beim Lesen Notizen, entweder direkt im Buch oder an einem leicht zugänglichen Ort. Wenden Sie die Techniken an und schauen Sie, was passiert. Ändern Sie, was nicht funktioniert, und bauen Sie auf das auf, was sich als praktikabel erweist.

TEIL EINS

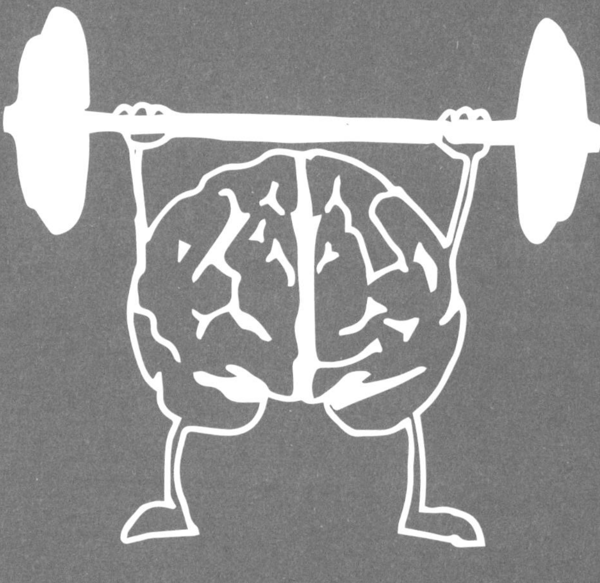

BESSERE HIRN-FITNESS

Bei der Fitness des Hirns zu beginnen, liegt natürlich auf der Hand, denn damit werten Sie das gesamte System auf. Wenn Sie sich um Ihr Gehirn kümmern, funktioniert es auf allen Ebenen besser.

Vielleicht sind Sie Mitglied im Fitness-Studio oder investieren anderweitig in Ihre physische Gesundheit, aber Ihr Gehirn überlassen Sie vermutlich sich selbst – es wird schon funktionieren. Was, meinen Sie, ist wichtiger, die körperliche Gesundheit oder die mentale?

Ich habe mir schon so viele Knochen gebrochen, dass ich genau weiß, wie selbstverständlich Gesundheit für uns ist. Erst im Gipsverband wurde mir klar, wie sehr ich meine Arme, Hand- und Fußgelenke brauche. Und ich möchte nicht eines Tages aufwachen, um festzustellen, dass es mir mit der mentalen Gesundheit ebenso ergangen ist. Denn dann könnte es bereits zu spät sein.

HIRN-FITNESS ENTWICKELN UND DANN VERBESSERN

1. **Die kognitive Leistung.** Ihre allgemeine mentale Leistung und Beweglichkeit wird sich verbessern; Sie denken klarer, können also besser arbeiten.
2. **Die Lernfähigkeit.** Die Reaktionen Ihres Hirns auf Erfahrungen und Umgebungen wachsen und es wird flexibler; das ist die »Neuroplastizität« Ihres Gehirns.
3. **Die langfristige mentale Gesundheit.** Je mehr wir über Demenz und ihre Ableger (wie z. B. Alzheimer) nachdenken, desto mehr verstehen wir sie als Lifestyle-Krankheiten. Indem Sie jetzt in Ihre Hirn-Gesundheit investieren, desto mehr reduzieren Sie die Chancen auf kognitiven Verfall in der Zukunft.

DAS SENSE-MODELL

5 SCHRITTE ZU BESSERER HIRN-FITNESS

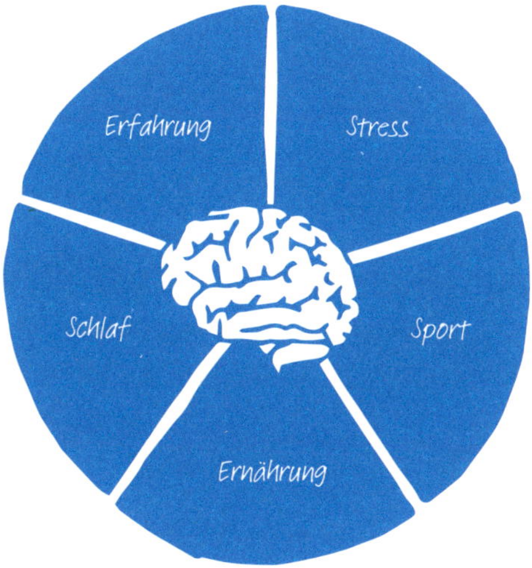

Das SENSE-Modell reflektiert meine fünf wichtigsten Faktoren für gute Hirn-Fitness:

- **S:** Stress (dt. Stress)
- **E:** Exercise (dt. Sport)
- **N:** Nutrition (dt. Ernährung)
- **S:** Sleep (dt. Schlaf)
- **E:** Experience (dt. Erfahrung)

Ich stelle Ihnen dieses Modell vor und schlage dabei einfache Möglichkeiten vor, wie Sie Ihr Gehirn in möglichst gute Form bringen.

STRESS

Ist Ihnen schon einmal aufgefallen, dass Sie nicht klar denken können und Ihr Erinnerungsvermögen und Ihre Entscheidungsfreude leiden, wenn Sie im Stress sind oder sich überlastet fühlen?

Vielleicht macht es Ihnen Spaß, mehrere Projekte gleichzeitig zu jonglieren, Herausforderungen anzunehmen und sich immer wieder auf Unerwartetes einzustellen. Aber Ihr Gehirn fühlt sich durch Unsicherheit und Komplexität bedroht. Wenn Sie besonders unter Druck stehen, reagiert Ihr Nervensystem so, dass die Funktionsweise Ihres Gehirns in Mitleidenschaft gezogen wird. Wenn Stress über ein sinnvolles Level hinausgeht, führt er zu kognitiver Behinderung.

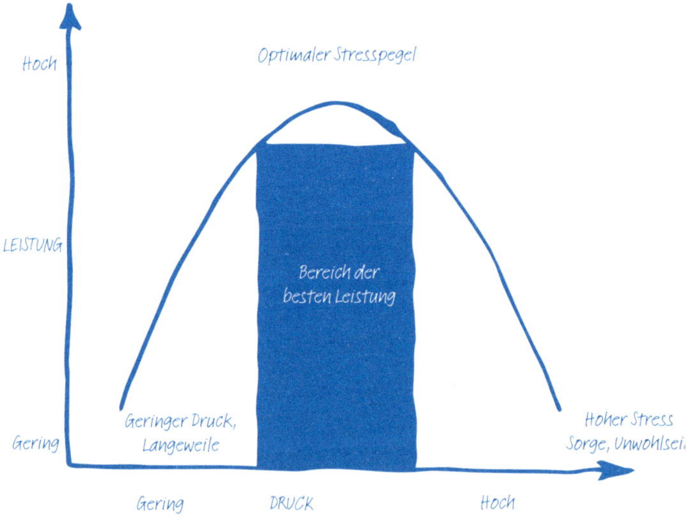

WARUM NIMMT IHRE LEISTUNG AB?

Um zu verstehen, warum Stress unsere Fähigkeit zu denken beeinträchtigen kann, sollte man ihn in seinem evolutionären Kontext betrachten: als Reaktion auf eine gefühlte Bedrohung. Wenn sich Menschen bedroht fühlen, führt das zu einem komplexen Phänomen. Stellen Sie sich also vor, ein Bär wäre eben in Ihr Zimmer gekommen.

Reaktion des Körpers

Ihr Herzschlag erhöht sich, Sie atmen schneller und die Muskeln bereiten sich auf eine Beanspruchung vor. Der sympathische Teil Ihres Nervensystems bereitet den Körper auf »Kampf oder Flucht« vor.

Reaktion des Gehirns

Während sich der Bär nähert, müssen Sie im Sekundenbruchteil Entscheidungen treffen. Für sorgfältige Abwägungen und Tabellenkalkulationen ist jetzt keine Zeit. Ihr Gehirn nimmt dem präfrontalen Kortex (PFC)[1] alle Ressourcen und übernimmt selbst die Funktion, damit Sie nicht langsamer denken. Schließlich werden Sie einem Bären kaum entkommen, indem Sie mit ihm verhandeln. Stellen Sie sich nun vor, Sie sind bei der Arbeit. Sie sind bereits

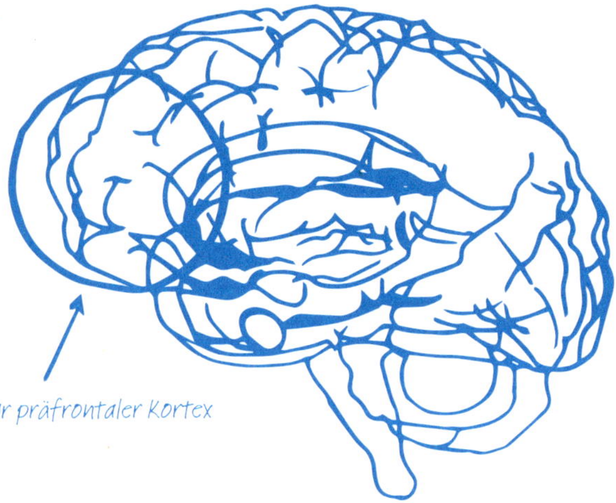

sehr beschäftigt, plötzlich kommt ein unerwarteter, wichtiger und dringender Auftrag. Ihr Nervensystem kann zwischen physischer Bedrohung und mentaler Überforderung nicht unterscheiden. Es reagiert also, als wäre der Bär wieder aufgetaucht: Ihre Herzfrequenz steigt und Sie atmen schneller, als würde sich Ihr Körper auf einen Kampf vorbereiten. Wieder sind Abwägungen und kritisches Denken beeinträchtigt.

Reduzierte Exekutivfunktionen in Bedrohungssituationen boten einen evolutionären Vorteil im Überlebenskampf. Heutzutage wirken sie nachteilig, beeinträchtigen die Gesundheit und das Denken und haben das Potenzial, unser Hirn zu schädigen.

DREI ANSÄTZE ZUM UMGANG MIT STRESS

Die Kampf-oder-Flucht-Reaktion verdeutlicht, wie Ihr Gehirn und Ihr Körper als System zusammenarbeiten. Um auch unter Stress die Leistung hoch zu halten, müssen Sie in der Lage sein, dieses System zu regulieren. William James, der Vater der modernen Psychologie, merkte dazu an: »Das Großartige an jeder Erziehung ist, sich das Nervensystem zum Verbündeten und nicht zum Feind zu machen.«
Stellen Sie sich dazu das Nervensystem in drei Teilen vor: Ihre Physiologie, Ihre Emotionen und Ihre Gedanken. Dieses zusammenhängende System funktioniert sowohl auf- als auch abwärts:

- Das Denken beeinflusst, wie Sie sich fühlen, das wirkt sich auf den Körper aus (abwärts, von oben nach unten).

- Ihr Körper beeinflusst Ihre Stimmung, die wirkt sich auf Ihr Denken aus (aufwärts).

Wenn Sie einen Bereich dieses Systems regulieren, beeinflussen Sie die anderen, die damit verknüpft sind. Damit eröffnen sich drei Möglichkeiten, mit Stress umzugehen und somit Ihre Hirn-Fitness zu verbessern:

1. Den körperlichen Zustand regulieren

Wenn Sie sich gestresst oder angespannt fühlen und spüren, wie Ihre mentale Leistung nachlässt, probieren Sie Folgendes:

- **Achten Sie auf Ihre Atmung und regulieren Sie diese.** Unter Stress atmen wir schneller und aus der Brust. Atmen Sie langsamer und eher aus dem Bauch. Wie atmen Sie jetzt? So soll es vermutlich sein.

- **Üben Sie Meditation oder Achtsamkeit.** Eine der besten Möglichkeiten, den Körper über längere Zeit zu regulieren, ist mit Meditation und Achtsamkeit. Beide sind so wertvolle Fähigkeiten, dass ich ihnen ein eigenes Kapitel gewidmet habe (siehe »Meditation einsetzen«, Seite 107). Wenn Sie sofort beginnen wollen, versuchen Sie es mit der Achtsamkeits-App »Professor Mc Murphy«.

- **Praktizieren Sie progressive Muskelentspannung.** Probieren Sie die nächste Übung gleich aus. Dabei erfahren Sie, wie Sie Ihren Körper regulieren, um sich in einen guten Lernzustand zu versetzen, um weiter in diesem Buch zu lesen.

ÜBUNG: PROGRESSIVE MUSKELENTSPANNUNG

1. Sitzen Sie bequem auf einem Stuhl, die Füße flach auf dem Boden und die Hände im Schoß. Schließen Sie die Augen.
2. Entspannen Sie Ihre gesamten Körper fünf Minuten lang. Konzentrieren Sie sich zuerst auf die Zehen, entspannen Sie sie bewusst. Manche spannen die Muskeln lieber an, bevor sie sie entspannen. Entspannen Sie dann die Füße, Waden, Knie, Oberschenkel, Hüften etc., bis Sie am Scheitel angekommen sind. Entspannen Sie auch das Gesicht.
3. Wenn Sie völlig entspannt sind, öffnen Sie die Augen. Den Zeitpunkt bestimmen Sie.

Eine Audioanleitung in englischer Sprache finden Sie unter: www.brainworkshops.co.uk/brainbook

Durch die bewusste Muskelentspannung und die verlangsamte Atmung reduzieren Sie Ihren Cortisolpegel, aktivieren den Parasympathikus und versetzen Ihren Körper in einen Zustand der Entspannung bzw. Regeneration. Bei regelmäßiger Wiederholung verbessern Sie so Ihre Gesundheit, schlafen besser und schärfen Ihre kognitiven Fähigkeiten höchster Ordnung, wie Schlussfolgern und Entscheidungen treffen.

2. Emotionen regulieren

Vermutlich kennen auch Sie reichlich Leute, die mit Druck nicht gut umgehen können, und andere, die Stress brauchen, um zur Bestform aufzulaufen. Jeder reagiert auf Stress anders, denn wir sind emotional verschieden belastbar.
Um Ihre Belastbarkeit zu erhöhen und besser auf Stress reagieren zu können, schlage ich folgende drei Punkte vor:

- **Nehmen Sie sich Zeit für Dinge, die Spaß machen.** Wenn Sie sich gut fühlen, sehen Sie Stress eher als Herausforderung denn als Bedrohung an und können Druck in bessere statt schlechtere Leistung umwandeln. Um Ihre Leistung bei der Arbeit aufrechtzuerhalten, müssen Sie sich außerhalb Zeit für Spaß nehmen.

  Schreiben Sie die fünf Dinge auf, die Ihnen am meisten Freude bereiten oder die Ihnen die meiste Energie liefern. Nehmen Sie sich dafür mehr Zeit. Tragen Sie sofort mindestens einen Termin dafür in Ihren Kalender ein.

- **Entwickeln Sie Ihre »Kontrollkurve«.** Wenn Sie spüren, alles unter Kontrolle zu haben, spüren Sie weniger Stress, weil Sie sich genialer fühlen. Äußere Bedingungen mögen sich zwar Ihrer Kontrolle entziehen, aber wie Sie darauf reagieren, entscheiden Sie selber.

  Schreiben Sie die fünf Dinge, Tätigkeiten oder Leute auf, die Sie am meisten frustrieren oder Energie kosten. Hinterfragen Sie, wie Sie ihnen begegnen. Wie können Sie so reagieren, dass es Sie weniger beeinflusst?

- **Denken Sie an Ihre Vorsätze.** Wenn Sie ein Ziel vor Augen haben, sind Sie belastbarer und haben bessere Ideen, wenn Sie Fortschritte zu einem sinnvollen Ziel spüren.

  Wenn Sie sich gestresst fühlen oder es Ihnen nicht gut geht, erinnern Sie sich selbst an die Gründe, warum Sie tun, was Sie tun.

3. Den kognitiven Zustand regulieren

Sie können zwar täglich meditieren und ungewöhnlich belastbar sein, doch wenn Sie Ihre Aufgaben und Projekte nicht in den Griff bekommen, verfällt Ihr System wieder in Stress aufgrund kognitiver Überbelastung. Darum ist es wichtig, den kognitiven Zustand zu regulieren:

- Einmal wöchentlich **ein Braindump** (Seite 60). Dies ist eine der schnellsten und einfachsten Methoden, die kognitive Überbelastung zu reduzieren. Damit können Sie alles ablegen, was Sie beschäftigt, und Ihr Hirn sofort wieder in einen brauchbaren Zustand versetzen.

- Entwickeln Sie ein **Arbeitssystem, das Überflutungen verhindert.** Eine effiziente und stressfreie Methode, die ebenso eingehender behandelt werden sollte. Ich widme ihr ein gesamtes Kapitel (Seite 37).

- Praktizieren Sie **Meditation oder Achtsamkeit.** Im Kapitel über Meditation (Seite 107) lernen Sie, wie Sie damit Ihren kognitiven Zustand erhalten.

DAS HEISST FÜR SIE

Sie wissen nun, wie sich Stress auf Ihr Gehirn auswirkt und Ihr Denken beeinflussen kann – und Sie wissen, was Sie unternehmen können.

- Halten Sie nach Anzeichen für Stress Ausschau: ein Gefühl von Überflutung oder mentaler Überlastung, Unausgeglichenheit und Kontrollverlust; schlechte Entscheidungen, Impulsivität, Müdigkeit, Schlafstörungen, erhöhte Herzfrequenz, Verspannungen, Verdauungsstörungen und Heißhunger auf Süßes.

- Regulieren Sie Ihre Physis: Achten Sie auf Ihre Atmung und verlangsamen Sie sie, wenn nötig. Nehmen Sie sich Zeit zur Entspannung, erlernen Sie Meditation, wie in diesem Buch beschrieben.

- Regulieren Sie Ihre Emotionen: Nehmen Sie sich Zeit für Dinge, die Sie gern tun, entwickeln Sie eine Kontrollkurve und erinnern Sie sich an Ihre Vorsätze.

- Achten Sie auf Ihren kognitiven Zustand: Leeren Sie Ihren Geist regelmäßig und wenden Sie alle Prinzipien aus dem Kapitel »Bessere Produktivität« an.

Fahren wir mit dem Sense-Modell fort und schauen uns die anderen vier Möglichkeiten an, mit denen Sie Ihre Hirn-Fitness verbessern können.

SPORT

Ich verfolge eigentlich keine strikte Morgenroutine, aber ich versuche, vor der Arbeit mindestens 20 Minuten zu gehen. Für mich ist das die beste Möglichkeit, meine Konzentration zu schärfen und mit möglichst viel Energie in den Tag zu starten.

KURZZEITIGE MENTALE LEISTUNG

Wie jedes Organ benötigt Ihr Gehirn Sauerstoff und Glukose. Wenn Sie Sport treiben, steigt Ihr Puls, das Blut zirkuliert schneller und Ihr Gehirn wird besser mit Sauerstoff und Glukose versorgt – Sie können also besser arbeiten.

Körperliche Bewegung ist einer der einfachsten Tricks, um die kognitive Leistung zu verbessern. Laut einer Studie der University of Illinois erzielten Studenten, die vorher 20 Minuten gegangen waren, deutlich bessere Leistungen in kognitiven Tests als die still sitzenden Kollegen.[2]

Wie viele Tage haben Sie letzte Woche keinen Sport gemacht? Für jeden mussten Sie länger arbeiten, als es mit Sport nötig gewesen wäre, um Ihr Pensum zu schaffen.

LANGFRISTIGE MENTALE GESUNDHEIT

Sport hilft auch, Demenz vorzubeugen.[3] Man nimmt an, das ist auf die positive Wirkung des Sports auf den BDNF zurückzuführen (Brain-derived neurotrophic factor; vom Gehirn stammendes, auf die Nerven wirkendes Wachstumshormon), ein Protein, das im Prozess der Neurogenese, der Formation neuer Hirnzellen, eine wichtige Rolle spielt. Es ist ein wichtiger Regulator der Neuroplastizität, einem Mechanismus, der dem Lernen zugrunde liegt. Sport hilft also beim Lernen.

- Graue Substanz bezieht sich auf Ihre Neuronen.
- Weiße Hirnsubstanz repräsentiert die Verbindungen zwischen Neuronen, ihre Kommunikationskanäle.
- Sport regt die Produktion des Proteins an, das für die Produktion von mehr grauer und weißer Masse zuständig ist.

DREI WEGE, WIE SIE DIE HIRN-FITNESS MIT SPORT ANKURBELN

1. Absolvieren Sie 20 Minuten moderaten Sport morgens vor der Arbeit. Wenn das zeitlich nicht möglich ist, probieren Sie kurzes, intensives Intervalltraining (HIIT). Betrachten Sie Sport als »Sauerstofffrühstück« für Ihr Gehirn.

2. Machen Sie über den Tag verteilt mehr Pausen und bewegen Sie sich. Konzentrieren Sie sich eher darauf, die Blutzirkulation zu erhöhen, statt Kalorien zu verbrennen.

3. Nehmen Sie sich längere und intensivere Trainings mindestens dreimal wöchentlich vor. Laut Forschungsergebnissen reduzieren Sie das Demenzrisiko, wenn Sie für 30 Minuten oder länger ins Schwitzen kommen, z. B. bei Aerobic, schnellem Gehen, Laufen, auf dem Fahrrad oder beim Schwimmen.[3]

ERNÄHRUNG

Ich muss Ihnen bestimmt nicht erklären, dass Sie Ihr Gemüse aufessen sollen, aber es hilft, zu wissen, was Ihr Gehirn besonders mag.

DAS LIEBLINGSESSEN DES GEHIRNS

Am häufigsten hält die Forschung eine mediterrane Ernährung dem Gehirn für zuträglich.[4] Eine Studie mit mehr als 2.000 Einwohnern New Yorks im Altersdurchschnitt von 76 Jahren ergab bei Menschen, die sich mediterran ernährten, ein 68% geringeres Alzheimer-Risiko.[5] Wenn Sie Hunger haben und mediterranes Essen mögen, wählen Sie frische und natürliche Vollwertkost, arm an Protein, gesunde Fettsäuren, Obst, frisches und variantenreiches Gemüse (vor allem grünes und blättriges), Hülsenfrüchte, Vollkorn, Kerne und Nüsse.

Manche Lebensmittel sind für ihre neuroprotektiven Eigenschaften bekannt:

- **Wasser:** Angemessene Flüssigkeitszufuhr ist zum Erhalt der mentalen Leistungsfähigkeit wichtig. Ihr Gehirn besteht zu 70% aus Wasser. Dehydrierung wirkt sich negativ auf Konzentration, Stimmung und Energie aus.[6] Beginnen Sie jeden Tag mit einem großen Glas Wasser. Stellen Sie es sich als »Schlauheitsdrogen aus dem Hahn« vor.

- **Fisch und Meeresfrüchte:** Essen Sie mehr Fisch wie Lachs, Thunfisch, Sardinen und Forellen, die reich an für das Gehirn wichtigen Fetten sind. Obwohl wir uns schon vor Fett fürchten, besteht das Gehirn in der Trockenmasse zu zwei Dritteln aus Fett. Gewisse Fette (mittelkettige Triglyceride, MCT) werden mit verbesserter Hirnfunktion in Verbindung gebracht.[7] Fisch ist außerdem reich an Omega-3-Fettsäuren, die gesunde neuronale Funktionen fördern.[8]

- **Gemüse und Blattsalat:** Natürlich braucht Ihr Gehirn auch Vitamine. Darum sollten Sie viel Gemüse und Blattsalat essen, um ausreichend die Vitamine C, E[9] und K[10] zu sich zu nehmen, die Ihr Hirn braucht.

- **Eier:** Eigelb ist eine der besten Quellen für Cholin, eine Vorstufe des Neurotransmitters Acetylcholin.[11] Leider funktionieren Schokoladeneier nicht als Ersatz.

- **Nüsse:** Walnüsse sind reich an Omega-3-Säuren und Vitamin E. Paranüsse enthalten viel gesundes Selen.[12]

- **Samen, Kerne:** Leinsamen sind exzellente Brain-Snacks, denn sie enthalten viel Omega-3, während Kürbiskerne gut sind fürs Gedächtnis, denn sie enthalten Zink.[13]

- **Beeren:** Blaubeeren, Brombeeren, Erdbeeren und Kirschen sind reich an Antioxidantien. Diese helfen, den oxidativen Stress zu reduzieren, der unsere Hirnzellen schädigt, darum wirkt eine entsprechende Ernährung Alterserkrankungen wie Demenz entgegen.[14]

- **Kurkuma:** Kurkuma ist reich an Antioxidantien und Entzündungshemmern; es schützt das Nervengewebe und kann das Wachstum neuer Hirnzellen verstärken.[15]

- **Olivenöl:** Ein weiteres gutes Öl – laut Forschungen ist eine olivenölreiche Ernährung förderlich für die Hirnfunktion (aber bitte trotzdem nicht trinken).[16]

- **Grüner Tee:** Durch seine entgiftenden und entzündungshemmenden Eigenschaften dient grüner Tee als Neuroprotektor.[17] Selbst Schwarztee hat einen antioxidativen Effekt.

VORSICHT BEI

- **Zucker:** Die Verbindung zwischen Zuckerkonsum und Alzheimer ist so groß, dass Alzheimer häufig auch als »Diabetes Typ 3« bezeichnet wird. Unser Hirn braucht Glukose, um leistungsfähig zu sein, aber eine kohlenhydratreiche Ernährung kann zu Insulinresistenz und einem erhöhten Demenz-Risiko führen.[18] Zucker reduziert außerdem die Produktion von BDNF, der zum Lernen nötig ist.[19] Essen Sie Obst und komplexe Kohlenhydrate, Vorsicht aber bei Zuckerzusätzen in Getränken und industriell verarbeiteten Lebensmitteln.

- **Hoher glykämischer Index:** Der glykämische Index (GI) ist ein Maß, wie schnell Zucker aufgespalten werden. Lebensmittel mit hohem glykämischen Index (z. B. Weißbrot, Nudeln, weißer Reis, Kartoffeln, die meisten Getreide und viele beliebte Snacks) werden schnell aufgespalten und führen zu einem rapiden Blutzuckeranstieg. In der Erholungsphase nach dem Sport mag das sinnvoll sein, doch es führt zu einem schnellen Energieabfall und zu Konzentrationsschwäche. Vermeiden Sie diese Produkte beim Mittagessen, um am Nachmittag fitter zu sein.

WEITERE ÜBERLEGUNGEN

- **Vitamin D3:** ... ist für seine wichtige Rolle bei der Erhaltung von Neuralfunktionen bekannt.[20] Es entsteht durch Photosynthese, durch die Einwirkung von Sonnenlicht. Setzen Sie sich also in den Wintermonaten so viel wie möglich Tageslicht aus, gehen Sie in der Mittagspause raus. Wenn Sie sich »unterbelichtet« fühlen, denken Sie über Vitaminpräparate nach.

- **Fasten:** Intervallfasten (z. B. 5:2-Diät) ist inzwischen recht verbreitet. Fasten verlängert das Leben von Mäusen, regeneriert das Immunsystem und verbessert die Hirngesundheit (im Wesentlichen durch die erhöhte Produktion von BDNF).[21] Ihr Hirn und Körper brauchen jedoch Nahrung, um zu funktionieren, und ich habe noch keinen Ernährungswissenschaftler getroffen, der Fasten einer gesunden, ausgewogenen Ernährung vorzieht. Viele Menschen (mich eingeschlossen) würden von einer kalorienärmeren Ernährung profitieren, wenn Sie jedoch fasten wollen, sprechen Sie vorher mit Ihrem Arzt.

- **Nootropika**: Nootropika sind »intelligente Drogen«, Substanzen, denen eine vorteilhafte Wirkung auf die kognitive Leistungsfähigkeit zugeschrieben wird. Modafinil stärkt die Konzentration, Piracetam verbessert das Gedächtnis und L-Theanin soll die Wachsamkeit erhöhen. Selbst LSD hat Fürsprecher, die ihm Vorteile zuschreiben. Das alles mag verlockend klingen, man sollte aber beachten, dass künstlich angehobene Pegel einer Substanz Ihr System ins Ungleichgewicht bringen. Manche Forscher beschuldigen Nootropika, auf lange Sicht die Hirn-Plastizität zu beeinträchtigen. Lassen Sie hier also Vorsicht walten.

DAS HEISST FÜR SIE

- Ernähren Sie sich am besten mediterran mit viel Fisch und Meerestieren, dazu viele verschiedene und frische Gemüsesorten.
- Konsumieren Sie weniger Zucker, weniger raffinierte Kohlenhydrate und weniger verarbeitete Lebensmittel.
- Trinken Sie nach dem Aufwachen einen halben Liter Wasser und sorgen Sie über den Tag für ausreichend Flüssigkeitszufuhr mit Wasser und grünem Tee.
- Wenn Sie einen kognitiv anspruchsvollen Tag vor sich haben, frühstücken Sie am besten Spinat und Eier, mittags brauchen Sie Proteine und komplexe Kohlenhydrate (Gemüse und Vollkorn), zwischendurch Snacks aus Samen und Nüssen ... und immer reichlich trinken.

SCHLAF

2010 wurden in Großbritannien mehr als 15 Mio. Rezepte für Schlafmittel ausgestellt.[22] Seit dem Jahr 2000 ist gleichzeitig aber auch der Verbrauch von Energy-Drinks exorbitant um 75% angestiegen.[23] Offensichtlich können wir ebenso schlecht einschlafen wie wach bleiben.

Angesichts dessen, wie angenehm schlafen ist, erstaunt es mich, wie bereitwillig viele den Schlaf aufgeben. Ja, wir haben alle zu tun. Aber wenn wir müde sind, treffen wir schlechte Entscheidungen. Wir können Wichtiges nicht mehr von Unwichtigem unterscheiden. Die Arbeit wird immer mehr, wir arbeiten länger und schlafen noch weniger.

Nun ist es ein Trugschluss, dass wir mehr arbeiten können, wenn wir weniger schlafen: Mit weniger Schlaf haben wir zwar vielleicht mehr Zeit zum Arbeiten, die kognitive Kompetenz leidet jedoch.

WIE VIEL SCHLAF?

»Ich brauche meinen Schlaf. Acht Stunden pro Tag und ca. zehn Stunden pro Nacht.«

Bill Hicks, amerikanischer Stand-up-Comedian

Die meisten Menschen bringen nach sieben bis neun Stunden Schlaf die beste Leistung.[24] Manche behaupten, sie bräuchten weniger Schlaf, vermutlich weil sie sich nicht bewusst sind, wie stark ihre Leistungsfähigkeit leidet.

DIE KOSTEN DES SCHLAFENTZUGS

Unzureichender Schlaf geht mit Beeinträchtigung des logischen Denkens, der Entscheidungsfindung, des Erinnerungsvermögens, der Aufmerksamkeit und der Reaktionszeit einher.[25] Schlafschulden sind auch kumulativ; wenn Sie fünfmal hintereinander weniger als sechs Stunden schlafen, entspricht Ihre kognitive Leistung etwa einer Person, die seit 48 Stunden auf den Beinen ist.[26]

Nach Jahren schlechten Schlafs erleiden Sie eine kortikale Atrophie, Ihr Hirn schrumpft.[27]

SCHLAFZYKLEN

Um ein gesundes Verhältnis zum Schlaf zu kultivieren, muss man ihn verstehen. Schlafzyklen kennen Sie vermutlich bereits. Alle 90 Minuten durchläuft Ihr Hirn die verschiedenen Schlafphasen, die zu bestimmten Hirn-Zuständen korrelieren, wie man im EEG messen kann. Dabei wechseln sich Tiefschlaf- und REM-Schlafphasen (Rapid Eye Movement; schnelle Augenbewegung) ab.

In den ersten Zyklen nach dem Einschlafen sind vor allem Tiefschlafphasen anzutreffen, wenn unser Körper Wachstumshormone produziert. Dies hilft der körperlichen Erholung.

Später, im zweiten Teil des Nachtschlafs, finden sich häufiger REM-Schlafphasen (mit Träumen), die für Lernen, Erinnerungsvermögen und mentale Erholung zuständig sind.

Fünf Schlafzyklen (7,5 Stunden) ermöglichen also mehr kognitive Erholung als vier (6 Stunden), verbessern also Ihre Mentalfunktionen. Weniger als sechs Stunden, und es beginnt Ihnen schlecht zu gehen.

SCHLAFZYKLUS

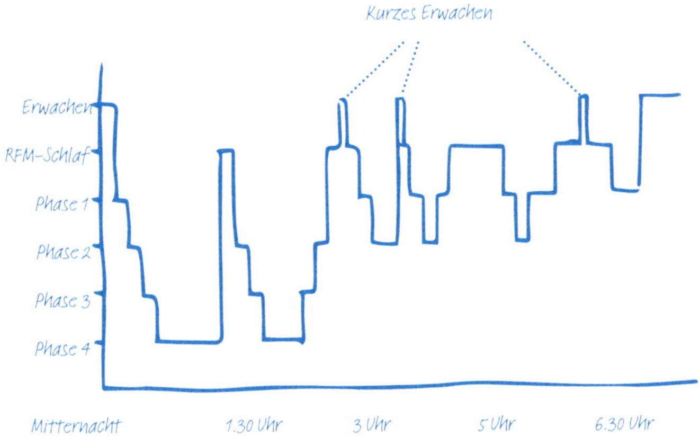

WASCHEN IM SCHLAF

Ihr Hirn unterzieht sich im Schlaf einer Wäsche – einer Entgiftung. Wenn Sie wach sind, entsteht durch die chemische und elektrische Aktivität des Gehirns ein Nebenprodukt, Beta-Amyloid, auch als Plaque bezeichnet. Während Sie schlafen, spült das glymphatische System (die Müllentsorgung des Nervensystems) Neurotoxine aus und versetzt Ihr Gehirn wieder in einen gesunden Zustand.

Bei unzureichendem Schlaf riskieren Sie eine ungesunde Anhäufung von Plaque. Wenn diese ein kritisches Niveau erreicht, besteht das Risiko einer Alzheimer-Erkrankung.[28]

FÜR ELTERN MIT KLEINEN KINDERN

Ich hoffe, Sie machen sich jetzt keine (oder noch mehr) Sorgen. Wahrscheinlich ist Ihnen bereits völlig klar, dass sich Schlafentzug auf die Mentalfunktionen auswirkt. Mit der Zeit wird sich Ihr Schlaf erholen. Und wir als Menschheit wären nicht so erfolgreich, wenn alle Eltern in Demenz enden würden, nur weil sie von ihren Kindern nächtelang wachgehalten werden.

DREI WEGE ZU BESSEREM SCHLAF

Ich kann die Bedeutung von Schlaf nicht genug betonen. Wenn Sie in die Nähe Ihrer Bestleistung kommen wollen oder sich um Ihre langfristige Gesundheit sorgen, gönnen Sie sich zwischen sieben und neun Stunden Schlaf pro Nacht. Wenn Sie damit Probleme haben, gibt es einfache Hilfen.

Beginnen Sie, indem Sie Ihren Schlaf aufzeichnen. Schon nach einer Woche erkennen Sie ein Schlafmuster. Verwenden Sie dazu am besten eine App oder ein Wearable, ein Mobilgerät wie z. B. eine Schlafuhr, die Ihre Bewegungen über die Nacht aufzeichnen und Ihnen am nächsten Morgen ein Schlafdiagramm liefern.

Um besser zu schlafen, behalten Sie im Hinterkopf, dass man Schlaf nicht wie eine Fähigkeit erlernen muss. Vor allem funktioniert es nicht besser, je mehr Sie sich anstrengen. Ein guter Schlaf ist das Ergebnis einer guten Umgebung sowie richtiger physiologischer und mentaler Bedingungen. Damit ergeben sich drei Wege, um Ihren Schlaf zu verbessern.

1. Schaffen Sie die richtige Umgebung

- Sie brauchen mehr Tageslicht. Gegen Sie in der Mittagspause spazieren; damit setzen Sie sich dem blauen Licht aus, das für einen gesunden Schlafrhythmus nötig ist.
- Reduzieren Sie abends Ihren Lichtkonsum deutlich. Senden Sie Ihrem Hirn eine Botschaft, dass Schlafenszeit ist. Wenn Sie schlecht einschlafen können, verwenden Sie eine Stunde vor dem Schlafengehen keine Bildschirme mehr (vor allem Laptops, Tablets und Handy). Nutzen Sie eine Software, um blaues Licht (diese Lichtfrequenz stört am meisten) beim Dunkelwerden auf Ihrem Bildschirm zu reduzieren.
- Achten Sie auf eine Raumtemperatur von ca. 18 Grad Celsius.

2. Schaffen Sie den richtigen physiologischen Zustand

- Verringern Sie Ihren Kortisol-Pegel, indem Sie Ihren Körper entspannen. Wenn Sie mitten in der Nacht aufwachen, probieren Sie Meditation oder Achtsamkeit oder progressive Muskelentspannung, bevor Sie ins Bett gehen.
- Verringern Sie Ihre Kerntemperatur. Probieren Sie vor dem Zubettgehen ein kühles Bad oder eine kalte Dusche. Auch ein heißes Bad zwei Stunden vor dem Zubettgehen kann helfen, denn nachfolgend kühlen Sie auch ab.
- Vermeiden Sie Koffein und Alkohol, wenn Sie nicht schlafen können, und essen Sie abends nicht zu mächtig. Alkohol kann zwar beim Einschlafen helfen, verringert jedoch die Schlafqualität.

3. Schaffen Sie die richtigen mentalen Bedingungen

- Leeren Sie Ihren Geist regelmäßig. Nicht ein hyperaktiver Geist hält Sie vom Schlafen ab, sondern einer, der schlecht verwaltet wird. Regelmäßige Brain Dumps helfen (mehr dazu im Kapitel »Bessere Produktivität« ab Seite 37).
- Hören Sie spätestens zwei Stunden vor dem Zubettgehen auf zu arbeiten. Lesen Sie keine E-Mails oder andere News mehr. Lassen Sie Ihr Hirn sich abregen.
- Praktizieren Sie Meditation oder Achtsamkeit, um Ihren Geist nach der Arbeit zu beruhigen.

WEITERE ÜBERLEGUNGEN

Wenden Sie die 90-Minuten-Regel an

Um möglichst frisch aufzuwachen, versuchen Sie, das Aufwachen auf das Ende einer 90-Minuten-Schlafperiode zu legen. Wenn Sie um 7 Uhr morgens aufstehen müssen, gehen Sie entweder um 23.30 Uhr oder 22 Uhr am Abend zuvor ins Bett. Schlafzyklus-Apps und ähnliche Hilfsmittel unterstützen Sie dabei.

So werden Sie morgens schneller fit:

1. **Wasser:** Trinken Sie einen halben Liter Wasser, um Ihrem Hirn genügend Flüssigkeit zuzuführen.
2. **Bewegung:** Machen Sie kurz Sport, um das Hirn mit Sauerstoff zu versorgen.
3. **Licht:** Gehen Sie für eine gute Dosis blaues Licht nach draußen, um Ihr Hirn zu »erleuchten«.

UMGANG MIT JETLAG

1. **Vor der Reise:** Einen oder zwei Tage vor der Reise sollten Sie beginnen, Ihre Mahlzeiten eine Stunde früher einzunehmen, wenn Sie nach Osten fliegen (und entsprechend eine Stunde später, wenn es nach Westen geht). Damit verschieben Sie Ihre biologische Uhr langsam in die richtige Richtung, bevor Sie ins Flugzeug steigen. Fangen Sie wenn möglich auch an, Ihr Schlafmuster anzupassen.
2. **Während der Reise:** Stellen Sie Ihre Uhr sofort auf die Zielzeit ein, sobald Sie im Flugzeug sitzen, und passen Sie Ihren Schlaf-/Wach-Zyklus so bald wie möglich an. Verschieben Sie auch Ihre Essenszeiten: Wenn es an Ihrem Ziel Mittag ist, essen Sie etwas.
3. **Nach der Landung:** Verbringen Sie am ersten Tag so viel Zeit wie möglich draußen im Tageslicht. Verzehren Sie tryptophanreiche Kost (eine Aminosäure, die vor allem in Puten- und Rindfleisch sowie in Spinat zu finden ist) als Abendessen, denn es erhöht Ihre Schläfrigkeit. Machen Sie sich morgens fit (wie auf der vorherigen Seite beschrieben) und steigen Sie so schnell wie möglich in die normale Routine ein.

SO WIRKT EIN NICKERCHEN

Ihr Gehirn liebt Nickerchen. Der Trick ist, nur kurz zu schlafen und das zur richtigen Tageszeit. Ein Nickerchen sollte zwischen 20 und 30 Minuten dauern, nicht länger. Wenn Sie zu tief in den Schlafzyklus eintauchen, wachen Sie schlapp und desorientiert auf. Die beste Zeit ist zwischen 14 und 16 Uhr, wenn Sie ein natürliches Formtief erleben. Richtig eingesetzt, können Nickerchen Ihre Aufmerksamkeit und Ihre Denkgeschwindigkeit um über 20% aufwerten.[29]

ERFAHRUNG

Stress-Management, Sport, Ernährung und Schlaf sorgen für die richtigen Bedingungen für eine optimale mentale Leistung. Um aber Ihr Gehirn in Form zu halten, müssen Sie es mit Erfahrung nähren, und zwar in Form von Lernen, Herausforderungen und Neuheiten.

NEUROPLASTIZITÄT

Hirnzellen (Neuronen) kommunizieren untereinander mithilfe elektrischer Impulse (Aktionspotenziale) entlang einer Leitung (Axon). Die Übertragungsgeschwindigkeit entlang des Axons hängt zum Teil davon ab, wie gut es mit einer weißen, fetthaltigen Substanz, Myelin, isoliert ist.

Je mehr ein Neuron mit einem anderen kommuniziert und je intensiver das Axon verwendet wird, desto stärker wird die Isolationsschicht; der Vorgang heißt Myelinisierung. Sie ist ein Prozess des Zelllernens, denn sie hilft den Neuronen, je nach Bedarf besser miteinander zu kommunizieren. Dieses Prinzip liegt der Neuroplastizität zugrunde – der Fähigkeit Ihres Hirns, zu lernen und sich je nach Erfahrung anzupassen.

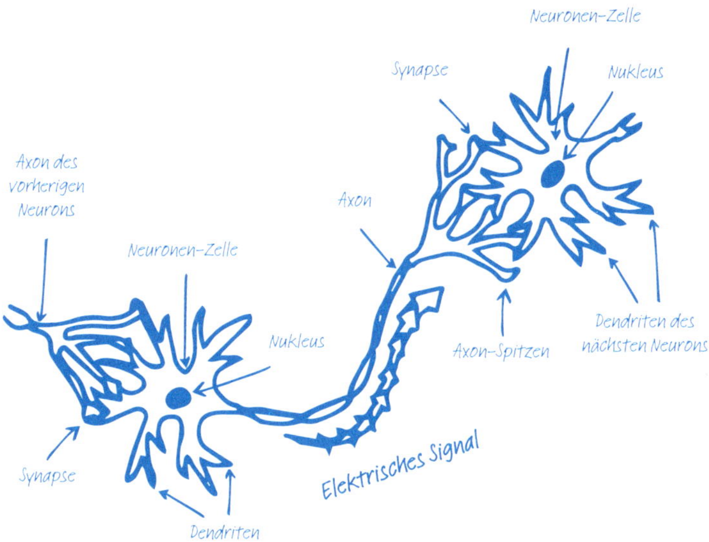

LERNEN HÄLT DAS HIRN JUNG

Betrachten Sie die Lernkurve des Lebens. Als Sie geboren wurden, waren die Hirnzellen noch weitgehend isoliert, noch nicht untereinander und mit anderen verbunden. In den ersten zwei Lebensjahren vernetzten sie sich unheimlich schnell, denn sie nahmen neue motorische und sensorische Informationen auf und verarbeiteten diese. In dieser kurzen Zeit haben Sie pro Sekunde immerhin zwei Millionen Synapsen, Verbindungen, aufgebaut, insgesamt um die 1.000 Trillionen.

Bis zum zweiten Geburtstag hat Ihr Gehirn die dreifache Größe und mehr Synapsen als jetzt, da Sie erwachsen sind. Dann begannen Sie, Ihre Synapsen zurechtzustutzen: Manche Verbindungen wurden gekappt, um andere zu stärken. Als Teenager durchlief Ihr Hirn eine zweite intensive Wachstumsphase und neurale Neuordnung. Erst mit Mitte zwanzig war Ihr Gehirn voll entwickelt. [30]

Nun ist es an Ihnen: Als Sie noch klein waren, war Ihr Hirn sehr anpassungsfähig. Damit das so bleibt, müssen Sie ständig weiterlernen. Wenn Sie Ihr Hirn nicht nutzen, geht es ein. Inwiefern sich Ihr Hirn weiterentwickelt oder verkümmert, liegt vor allem am Training – wie bei einem Muskel.

Eine wunderbare und häufig zitierte Studie vergleicht die Gehirne von Londoner Taxifahrern mit denen von Londoner Busfahrern.[31] Es stellte sich heraus, dass der Hippocampus, der Teil des Hirns, der sich mit Erinnerung und Orientierung beschäftigt, bei den Taxifahrern vergrößert ist.

Diese Studie ist aus zwei Gründen interessant. Zum einen zeigt sie, dass die Plastizität des Hirns bis weit ins Erwachsenenalter erhalten bleibt. Zum anderen illustriert sie die Umstände für ideales Hirnwachstum und Entwicklung: Die Taxifahrer lernten, waren für Neues offen und gingen gern auf Erkundungstour.

»Wer aufhört zu lernen, ist alt, ob mit 20 oder mit 80. Wer lernt, bleibt ewig jung«, versicherte Henry Ford, Industrieunternehmer in den USA und Gründer der Ford Motor Company. Neurologisch ist da Wahres dran. Wenn Sie weiter lernen und Ihr Hirn fordern, wird es stärker, wächst und bleibt länger jung.

- **Lernen Sie eine Sprache.** Neue Sprachen zu erlernen sorgt für langanhaltende kognitive Vorteile. Bilinguale Personen haben ein flexibleres Gehirn, können ihre Aufmerksamkeit besser lenken und leiden weniger häufig an Demenz.[32] Schauen Sie sich doch mal Duolingo, Busuu oder Livemocha an (Apps zum Sprachenlernen), um eine Sprache neu zu lernen oder weiterzuentwickeln.

- **Erlernen Sie ein Musikinstrument.** Ich nahm zum Glück die Gitarre schon im Kindesalter zur Hand und spiele inzwischen mehrere Instrumente. Das ist nicht nur für die Hirn-Fitness gut, für mich ist die musikalische Improvisation mit anderen Menschen eine der schönsten Erfahrungen der Welt. Wenn Sie schon immer ein Instrument erlernen wollten, fangen Sie jetzt an! Wissenschaftler haben herausgefunden, dass Musiker über mehr graue Hirnmasse verfügen, und zwar in den Regionen für Motorik, Hör- und Sehvermögen,[33] und dass das Spielen eines Instruments mit verbesserter mentaler Flexibilität, Vokabular und nonverbaler Kommunikation einhergeht.[34]

- **Lernen Sie zu jonglieren.** Jonglieren kann helfen, Stress und Ängste zu reduzieren, und verbessert die Entwicklung und Koordination Ihres Hirns.[35] Kaufen Sie sich Jonglierbälle, den Rest können Sie sich selbst antrainieren.

- **Gedächtnistraining.** Sie können Ihr Erinnerungsvermögen trainieren, indem Sie anspruchsvolle Memo-Techniken anwenden (»Gedächtnis verbessern«, Seite 91).

- **Meditieren Sie.** Eine der besten Hirn-Trainingsformen ist die Meditation, darum ist ihr auch ein eigenes Kapitel gewidmet. (»Meditation«, Seite 107).

- **Eignen Sie sich neue Fähigkeiten an oder verbessern Sie vorhandene.** Wenn Sie zum Beispiel Programmieren lernen wollen, schauen Sie sich online um. Auch bei LinkedIn Learning finden Sie einen Katalog von Karriere-Skills. Probieren Sie Neues aus und erweitern Sie Ihren Erfahrungsschatz. Besuchen Sie Kurse, die Sie interessieren. Lernen Sie, besser zu fotografieren, zu kochen, zu zeichnen, probieren Sie sich im kreativen Schreiben aus, in der Videobearbeitung oder lernen Sie, Musik zu produzieren.

- **Studieren Sie.** Schauen Sie sich bei Firmen wie Coursera, Khan Academy, oder MIT OpenCourseWare um, die eher wissenschaftliche Kurse anbieten (alle in englisch). Inspirierende Vorträge zu allen möglichen Themen finden Sie z. B. bei ted.com, masterclass.com oder gedankentanken.com.

- **Lesen Sie Verschiedenes.** Probieren Sie neue Autoren und Genres aus. Wenn Ihnen das soziale Element wichtig ist, überlegen Sie, ob Sie in Gruppen lesen wollen. Bei Firmen wie getabstract.com oder in der App Blinkist finden Sie gute Zusammenfassungen von Sachbüchern.

- **Spielen Sie.** Kreuzworträtsel, Sudoku, Scrabble, Schach – spielen Sie alles, was Ihnen Spaß macht und Sie nachdenken lässt.

- **Reisen Sie und entdecken Sie die Welt.** Erkunden Sie Ihre Umgebung (ohne Google Maps). Entdecken Sie Ihre Gegend oder die Stadt, in der Sie wohnen, und erweitern Sie Ihren Horizont darum herum.

- **Hinterfragen Sie Ihre Routinen und machen Sie sich auch unbewusstes Verhalten bewusst.** Nehmen Sie mal einen anderen Heimweg, benutzen Sie mal die nicht-dominante Hand, tun Sie mal etwas mit geschlossenen Augen. Nutzen Sie mal bewusst schwierigere Wege und verlassen Sie absichtlich Ihre Komfortzone.

- **Bleiben Sie sozial aktiv.** Nehmen Sie sich reichlich Zeit für Ihre Freunde und lernen Sie neue Leute kennen. Arbeiten Sie an Ihren Beziehungen.

All die oben aufgeführten Lernquellen finden Sie auch in der Quellensammlung im Anhang.

BESSERE HIRN-FITNESS: ALLES ZUSAMMEN

Nun wissen Sie, wie Sie Ihre kognitiven Leistungen verbessern, Ihre Lernfähigkeiten entwickeln und Ihre mentale Gesundheit auf lange Sicht schützen können.

Ich habe dafür das **SENSE**-Modell entwickelt, das aus folgenden Elementen besteht: **S**tress, **E**xercise, **N**utrition, **S**leep, **E**xperiences. In deutsch lässt sich das etwa so zusammenfassen:

- **Stress:** Bewältigen Sie Ihren Stress und regulieren Sie Ihr Nervensystem, wie es nötig ist. Meditieren Sie jeden Morgen für 10 bis 20 Minuten.
- **Sport:** Treiben Sie jeden Morgen 20 Minuten moderat Sport, dreimal pro Woche für 30 Minuten Aerobic.
- **Ernährung:** Trinken Sie nach dem Aufwachen einen halben Liter Wasser, weiterhin im Tagesverlauf weitere ein bis zwei Liter. Ernähren Sie sich mediterran und nehmen Sie weniger Zucker zu sich.
- **Schlaf:** Schlafen Sie zwischen sieben und neun Stunden pro Nacht.
- **Erfahrung:** Erlernen Sie eine neue Sprache oder ein Musikinstrument, bleiben Sie offen für Neues und pflegen Sie aktive soziale Kontakte.

BESSERE HIRN-FITNESS: CHECKLISTE

Das SENSE-Modell

- **Stress:** Wie wirkt sich Stress auf Ihr Gehirn aus? Können Sie Ihre Physiologie regulieren, Ihre emotionale Belastbarkeit verbessern und Ihre kognitive Überbelastung bewältigen?
- **Sport:** Wie wirkt sich Sport auf Ihr Gehirn aus? Wie verbessern Sie am besten Ihre mentale Leistungsfähigkeit und schützen dabei Ihre Gesundheit?
- **Ernährung:** Beschreiben Sie die Lieblingsernährung für Ihr Gehirn. Und Getränke?
- **Schlaf:** Wie viele Stunden Schlaf brauchen Sie? Wie können Sie besser schlafen?
- **Erfahrung:** Warum ist es wichtig, weiter zu lernen? Was würden Sie gerne lernen?

Was werden Sie ab jetzt ändern? Notieren Sie!	
STRESS	
SPORT	
ERNÄHRUNG	
SCHLAF	
ERFAHRUNG	

TEIL ZWEI

BESSERE PRODUKTIVITÄT

ARBEITEN: BESSER SMART ALS HART

Nun, da wir das Hirn an sich leistungsfähiger gemacht haben, wollen wir mal sehen, wie wir es täglich besser einsetzen können, um produktiver zu werden.

Wäre es nicht hilfreich, würden Sie die Arbeit von acht Stunden innerhalb von sechs Stunden schaffen? An manchen Tagen haben Sie das bestimmt schon geschafft, vielleicht weil ein Termin drängte oder etwas Wichtiges erledigt werden musste. Vielleicht waren Sie auch besonders motiviert oder wussten einfach nur ganz genau, was Sie tun mussten. Ebenso wird es Tage gegeben haben, an denen es genau umgekehrt war und sich die Arbeit von sechs Stunden acht Stunden gezogen hat.

ZEIT VS. ENERGIE

Nicht mehr lange, und Sie sitzen an einem Schreibtisch, der den generierten Wert bestimmt. Die Energie, die Sie in diese Stunden einbringen, ist entscheidend. Tausende Bücher über Zeitmanagement setzen fälschlicherweise das eine in den Vordergrund, das Sie nicht wirklich beeinflussen können: die Zeit. Energie-Management und Energie-Erneuerung sind viel wichtiger, wenn Sie Ihre Leistung verbessern oder gar nur halten wollen. Sportler wissen das, aber wir nutzen eher unser Gehirn statt unseren Körper und vergessen das schnell.

Ich habe überhaupt nichts gegen schwere Arbeit, aber ich glaube nicht, dass der einzige Weg zu Erfolg darin besteht, härter und länger zu arbeiten als der Mensch nebenan. Überarbeitung beeinträchtigt unsere Gesundheit und unser Wohlbefinden und wirkt sich negativ auf die Qualität unserer Arbeit aus.[36] Nach 60 Stunden Arbeit pro Woche kann unsere Energie so niedrig sein, dass die durchschnittliche Produktivität weit absinkt - bis zum Negativergebnis. Dann wäre nicht arbeiten die bessere Variante.

PRODUKTIVITÄT VS. EFFEKTIVITÄT

Um produktiver zu werden, müssen Sie mit Ihrer Energie haushalten und sich Zeit zur Erneuerung gönnen. Damit Sie **effektiver sind,** ist es wichtig, an den Aufgaben bzw. Projekten zu arbeiten, die aktuell den höchsten Wert schaffen.

- **Geschäftigkeit** = ständiges Arbeiten, sehr wenig schaffen.
- **Produktivität** = vieles schaffen, aber nicht unbedingt die wichtigsten Dinge.
- **Effektivität** = das richtige Maß an Energie für die richtigen Dinge einsetzen.

SCHRITT 1: FINDEN SIE HERAUS, WAS SIE WOLLEN

Der erste Schritt zum smarten Arbeiten besteht darin, herauszufinden, was Sie wollen. Zu häufig ist die Lücke zwischen dem, was Sie eigentlich tun wollen, und dem, was Sie tun, riesig.

Denken Sie einen Moment über Ihre langfristigen Ziele nach.

- Was wollen Sie in drei Jahren tun?
- Wo sehen Sie sich am Ende dieses Jahres?
- Was reizt Sie?

Gas geben ist nicht sinnvoll, wenn man in die falsche Richtung fährt. Nur allzu oft besteht keine Verbindung zwischen dem, was Sie tun wollen, und dem, was Sie tatsächlich tun.

SCHRITT 2: WENDEN SIE DIE 80/20-REGEL AN

Die Anwendung der 80/20-Regel (Paretoprinzip) unterscheidet effektive Menschen von denen, die nur ständig zu tun haben.

Sie gilt als allgemein anerkanntes Prinzip, um die ungleiche Verteilung zu erklären, abgeleitet von den Beobachtungen des italienischen Ökonomen Vilfredo Pareto vor mehr als 100 Jahren. Er stellte dabei fest, dass 80% des Landes in Italien nur 20% der Bevölkerung gehören.

Diese 80/20-Verteilung kann bei sehr vielen Gelegenheiten im Alltag angewendet werden.

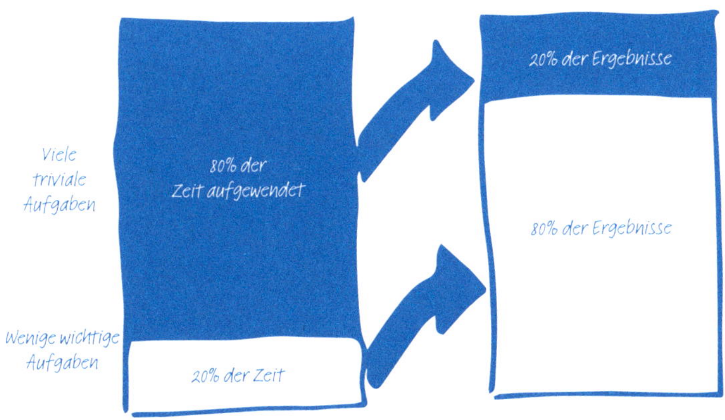

Wenn Sie zum Beispiel ein Unternehmen betreiben:

- 20% Ihrer Kunden generieren 80% Ihres Umsatzes.
- Die anderen 80% zeichnen nur für 20% des Umsatzes verantwortlich.

Wenn Sie die 80/20-Regel auf Ihre täglichen Tätigkeiten anwenden:

- 20% dessen, was Sie tun, ist wirklich wichtig und sorgt für 80% der Ergebnisse.
- 80% dessen, was Sie tun, schafft nur 20% Ihrer Ergebnisse.

»Machen Sie langsam und merken Sie sich: Die meisten Dinge machen keinen Unterschied. Beschäftigt zu sein ist eine Form mentaler Faulheit.«

Tim Ferriss, Autor von *Die 4-Stunden-Woche.*[37]

ÜBUNG: 80/20-ANALYSE, ZUR UNTERSCHEIDUNG DES WERTS VON AUFGABEN

Sehr wertvolle Aufgaben (MVT; most valued tasks): Wenn Sie über Ihre Rolle und Ziele nachdenken, welche sind die 20 Prozent Ihrer Tätigkeiten, die 80 Prozent Ihrer Ergebnisse generieren? Nehmen Sie sich zehn Minuten und definieren Sie Ihre wertvollsten Aufgaben.

- Was schafft den höchsten Wert oder die besten Ergebnisse?
- Wenn Sie nur einen Tag pro Woche arbeiten könnten, was würden Sie dann unbedingt erledigen?

Weniger wertvolle Aufgaben (LVT; least valued tasks): Welche sind die 80 Prozent Ihrer Aufgaben, die für nur 20 Prozent Ihrer Ergebnisse verantwortlich sind? Nehmen Sie sich zehn Minuten Zeit und definieren Sie Ihre weniger wertvollen Aufgaben.

- Welche Dinge nehmen Ihre Zeit in Anspruch, bringen aber nur wenig?
- Welche Dinge müssen Sie erledigen, obwohl sie nur wenig Wert schaffen?

SCHRITT 3: ARBEITEN SIE SELBSTGESTEUERT

Zur Herausforderung des smarten Arbeitens gehört es auch, *selbstgesteuert* zu arbeiten und nicht nur zu *reagieren*.

Ich habe lange gebraucht, um zu verstehen, wie wichtig dieser Unterschied ist. Vorher habe ich kurz meine Mails angeschaut, lange gearbeitet und mich ständig schuldig gefühlt, weil ich nicht schnell genug vorankam. Mit der 80/20-Regel habe ich das beendet.

Wenden Sie sie richtig an, dann schaffen Sie entweder schneller mehr oder haben mehr freie Zeit – oder beides.

- Setzen Sie sich jeden Tag drei MVTs. Wenn Sie es oft mit unerwarteten Aufgaben zu tun haben oder Ihren Tagesplan nur begrenzt kontrollieren können, planen Sie nur zwei ein.

SCHRITT 4: TEILEN SIE IHRE ENERGIE EIN

Jetzt kennen Sie also die wichtigsten Tagesaufgaben, darum können wir jetzt Ihrem Gehirn helfen, sie schneller zu bewältigen. Um produktiver zu sein, müssen Sie mit Ihrer mentalen Energie haushalten und Ihren Fokus halten.

Um den Unterschied zwischen mentaler Energie und Aufmerksamkeit zu erklären, betrachten wir den präfrontalen Cortex (PFC). Diesen Bereich des Hirns im Frontallappen der Großhirnrinde nutzen Sie für kognitive Aufgaben, Planung, Entscheidungsfindung und zum Ausführen von Aufgaben – also um etwas zu schaffen. Sie verlassen sich sehr auf diesen Hirnbereich, dabei ist er eher wenig leistungsfähig: Er ermüdet, überarbeitet sich schnell. Dazu folgende Übung:

ÜBUNG: PFC-GYMNASTIK

1. Denken Sie an eine vierstellige Zahl. Hier nehmen wir **4 7 5 2**. Betrachten Sie sie als vier Ziffern (**4, 7, 5, 2**) und nicht als Gesamtzahl (**4.752**).
2. Behalten Sie die Zahl im Kopf und addieren Sie 1 zu jeder Ziffer : **4 7 5 2** wird zu **5 8 6 3.**
3. Wiederholen Sie diesen Prozess in Ihrem Kopf: **5 8 6 3** wird zu **6 9 7 4.**
4. Alles klar? Machen Sie die Übung nun mit einer anderen Ausgangszahl. Probieren Sie: **3 5 2 4.**

MENTALE ENERGIE VS. AUFMERKSAMKEIT

Diese Übung ist nützlich, denn sie demonstriert, dass mentale Energie und Aufmerksamkeit verschiedene Dinge sind.

Würde ich Sie auffordern, diese Aufgabe einen ganzen Tag lang zu absolvieren, Sie würden schnell müde. Für den PFC brauchen Sie mentale *Energie*, und die steht nur begrenzt zur Verfügung.
In der Übung müssen Sie zwei Dinge gleichzeitig tun: addieren und merken. Für Ihren PFC ist das kompliziert, denn die *Aufmerksamkeit* zu teilen, fällt ihm schwer.

PRODUKTIV SEIN IST WIE BLÄTTER ANSENGEN

Haben Sie als Kind auch manchmal Blätter mit einer Lupe angezündet? Dies ist eine perfekte Analogie, um den Unterschied zwischen mentaler Energie (Sonne) und Aufmerksamkeit (Lupe) zu verdeutlichen. Energie ohne Fokus ist ebenso nutzlos wie Fokus ohne Energie.

Um das meiste aus Ihrem arbeitenden Hirn herauszuholen, müssen Sie zwei Dinge wissen:

1. Wann Ihre mentale Energie am höchsten ist.
2. Wie Sie am besten Ihre Aufmerksamkeit fokussieren.

MENTALE ENERGIE: IHRE BESTEN DREI STUNDEN

Wann ist Ihre mentale Energie am höchsten? Die meisten Menschen empfinden die Zeit zwischen 9 und 12 Uhr am besten. Andere haben das Gefühl, am späten Nachmittag besonders wach zu sein, nach 16 Uhr. Und wir alle kennen den Durchhänger zwischen 14 und 16 Uhr (ungefähr auf halbem Wege durch den Tag zwischen Aufwachen und Zubettgehen).

CIRCADIANE RHYTHMIK

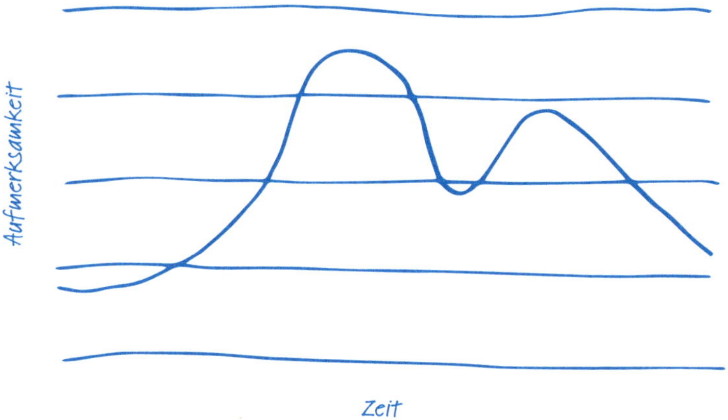

Egal, wie Ihr circadianischer Rhythmus aussieht, je besser Sie ihn auf Ihre Energie einstellen, desto produktiver werden Sie.

Stellen Sie sich ein Dreier-Team vor.

Angenommen, Sie fühlen sich morgens am aufmerksamsten, und müde nach dem Mittagessen. Am späten Nachmittag nehmen Sie aber wieder Fahrt auf. Stellen Sie sich nun vor, Sie hätten drei Angestellte, auf die Sie Ihre Tagesaufgaben verteilen müssen.

- Mitarbeiter 1 (9 – 13 Uhr) ist intelligent und fähig, erledigt Dinge kompetent und schnell.
- Mitarbeiter 2 (14 – 16 Uhr) kann viel weniger als Mitarbeiter 1 und macht viele Fehler.
- Mitarbeiter 3 (16 – 18 Uhr) ist der Kreativste der drei.

Wenn Sie das so betrachten, würden Sie dann Ihre Aufgaben vielleicht anders verteilen? Natürlich. Delegieren Sie also auch an sich selbst entsprechend.

DAS HEISST FÜR SIE:

- Sie sollten Ihre besten Zeiten kennen. Falls Ihnen das noch nicht klar ist, notieren Sie Ihren Energieverlauf stundenweise über eine Woche oder verwenden Sie eine Tracking-Software. Ich verwende ein Online-Tool namens RescueTime, das aufzeichnet, welche Programme und Software ich täglich benutze. Ich habe mehr als ein Jahr meiner Daten, die zeigen, dass meine produktivste Zeit zwischen 10 und 12 Uhr mittags liegt und ich mich am ehesten zwischen 14 und 16 Uhr ablenken lasse. Dienstag scheint mein produktivster Tag zu sein. Das zu wissen hilft mir, entsprechend dem natürlichen Rhythmus meines Gehirns zu planen.

- Erledigen Sie Ihre wichtigsten Aufgaben in Ihrer produktivsten Zeit. Sie sollten gleich zu Beginn jedes Tages wissen, welche drei wichtigen Aufgaben heute anstehen. Wenn Sie morgens Ihre produktivste Zeit haben, erledigen Sie das Wichtigste zuerst. Sehen Sie zu, dass Sie bis Mittag zwei wichtige Aufgaben geschafft haben.

- Starten Sie nicht mit dem Bearbeiten Ihrer E-Mails in den Tag. Dann verschwenden Sie Ihre besten Stunden und riskieren, Ihre meiste Energie für die unwichtigsten

Aufgaben einzusetzen. Außerdem wird es Ihnen für den Rest des Tages schwerer fallen, selbst entscheiden zu können, woran Sie arbeiten, denn Sie haben die kognitive Tür zu den Bedürfnissen anderer geöffnet.

- Entscheiden Sie bewusst, wann Sie Meetings ansetzen. Achten Sie auf die Kosten von Meetings (am Morgen), wo die meisten Leute ihre produktivste Zeit haben.

- Wenn Sie das Gefühl haben, ein Meeting verbraucht zu viel Ihrer Zeit und Ihrer Energie, hinterfragen Sie, ob Sie das Meeting wirklich ansetzen oder selbst dabei sein müssen. Wenn es sein muss, beginnen Sie zur Viertelstunde (14.15 Uhr oder 15.15 Uhr). Damit steht nicht sofort fest, dass es eine ganze Stunde dauern muss, und ist meist schneller vorüber.

- Erledigen Sie unwichtige und administrative Aufgaben am Nachmittag bzw. dann, wenn Ihre Energie ohnehin nicht voll da ist.

MACHEN SIE MEHR PAUSEN

Genau wie Ihre mentale Energie im Laufe des Tages fluktuiert (circadiane Rhythmik), oszilliert sie auch im 90-Minuten-Rhythmus (ultradiane Rhythmik). Machen Sie darum möglichst alle 90 Minuten eine Pause, um leistungsfähig zu bleiben.

Ein Social-Networking-Unternehmen, die Draugiem Group, setzte eine Time-Tracking-Software ein und fand heraus, dass die produktivsten 10% der Mitarbeiter alle 52 Minuten für 17 Minuten Pause machten. Nun ist es vielleicht etwas übertrieben, den Timer auf 52 Minuten zu stellen, aber immerhin zeigt diese Studie, dass sich die Produktivität mithilfe mehrerer Pausen steigern lässt.

Eine beliebte Methode, die Pomodoro-Technik, rät noch öfter zu Pausen: alle 25 Minuten 5 Minuten Pause und alle zwei Stunden eine längere Unterbrechung. Experimentieren Sie und finden Sie heraus, was Ihnen am besten passt.

Machen Sie vormittags und nachmittags jeweils mindestens eine Pause. Auch wenn Sie zwei Stunden oder länger gesessen haben, gönnen Sie sich eine Unterbrechung.

- Machen Sie eine Mittagspause. Im Ernst. Wenn Sie glauben, dafür keine Zeit zu haben, bedenken Sie, dass Ihre Energie am Nachmittag durch ausreichende Ernährung, Hydrierung und Energieerneuerung bedingt ist. Die Mittagspause wegzulassen, um länger arbeiten zu können, ist falsch. Und stehen Sie vom Schreibtisch auf!

- Stehen Sie in den Pausen auf, gehen Sie spazieren, trinken Sie etwas, gehen Sie raus, woanders hin, tun Sie etwas anderes. Einfach nur ein neues Programm oder eine andere Website anzuschauen, hilft nicht. Hören Sie auf zu arbeiten und kommen Sie erfrischt zurück. Damit bekommen Sie auch eine neue Perspektive, wenn Sie in einem Problem feststecken. (Mehr dazu im Kapitel »Bessere Kreativität« ab Seite 67)

DEADLINES NUTZEN

Pausen fördern die Produktivität unter anderem auch, weil sie Deadlines schaffen. Denn nach »Parkinsons Gesetz« nehmen Aufgaben die Zeit ein, die man ihnen zugesteht. Wenn Sie sich eine Woche geben, dauert es eine Woche. Haben Sie nur einen Tag, wird es eben schneller fertig.

Ich habe mir z. B. für dieses Buch einen Termin in zwei Monaten gesetzt; hätte ich mir doppelt so viel Zeit zugestanden, hätte es doppelt so lange gedauert. Ich mietete für eine Woche ein Cottage, nahm einen klaren Plan (und ein paar Flaschen Rotwein) mit und als ich nach Hause kam, hatte ich die erste Version in der Tasche.

Deadlines, enge Termine, zwingen zur Orientierung auf das Ziel und veranlassen Sie, größere Aufgaben in kleinere Abschnitte zu unterteilen. Sie entwickeln ein Gefühl der Dringlichkeit, das die Produktion von Noradrenalin anregt – einem Neurotransmitter, der dem Gehirn beim Konzentrieren hilft. Nutzen Sie das zu Ihrem Vorteil, indem Sie sich selbst Termine setzen. Und selbst wenn das nur bedeutet, dass Sie sich eine Feierabendzeit setzen und sich dann auch daran halten.

»Um Großes zu erreichen, braucht es zwei Dinge: einen Plan und nicht allzu viel Zeit.« **Leonard Bernstein**

SCHRITT 5: KONZENTRIEREN SIE SICH

Erinnern Sie sich an die Analogie mit der Sonne und der Lupe, um Dinge anzuzünden? Die Sonne ist Ihre mentale Energie, die Lupe Ihre Konzentrationsfähigkeit. Fokus ohne Energie ist ebenso nutzlos wie Energie ohne Fokus. Konzentrieren Sie sich also und lassen Sie das Multitasking sein.

ÜBUNG: MULTITASKING

1. Stellen Sie sich hin.
2. Heben Sie das rechte Bein und zeichnen Sie mit dem Fuß einen Kreis im Uhrzeigersinn.
3. Zeichnen Sie gleichzeitig mit der rechten Hand die Ziffer 7 in die Luft.

Das fällt Ihnen vielleicht schwerer als gedacht, denn bei kognitiven Aufgaben arbeitet Ihr Hirn als »serieller Prozessor«.

Ist Ihnen schon einmal aufgefallen, dass Sie im Auto das Radio leiser stellen, wenn Sie sich verfahren haben? Oder dass Leute plötzlich auf der Straße stehen bleiben, weil ihr Telefon ihre Aufmerksamkeit erfordert? Multitasking ist ein Mythos. Ihr Hirn kann das nicht, nur Ihre Aufmerksamkeit wird verschoben.

Sicher können Sie telefonieren und dabei eine Tasse Tee zubereiten, aber wenn Sie gleichzeitig zwei wenigstens annähernd komplexe Gedanken oder entscheidende Probleme überlegen müssen, leidet Ihre Leistung deutlich.

DIE KOSTEN DES MULTITASKINGS

Man nimmt an, dass Multitasking die Produktivität um bis zu 50% senkt [38] und man bis zu 50% mehr Fehler macht.[39] Interessanterweise haben Studien herausgefunden, dass Menschen, die sich für besonders multitaskingfähig halten, darin besonders schlecht sind.[40] Eine Studie der University of London fand heraus, dass Multitasking den IQ einer Person um bis zu *15 Punkte* senkt - so viel wie eine schlaflose Nacht - oder auf den durchschnittlichen IQ-Bereich eines achtjährigen Kindes.[41]

DER PREIS DER ABLENKUNG

Ablenkungen zerstören Ihre Produktivität ebenso wie Multitasking-Versuche. Sie mögen es vielleicht gar nicht merken, aber es kann bis zu 20 Minuten dauern, bis Sie Ihre Konzentration nach einer Unterbrechung wiedergefunden haben.[42]

Bei Gesprächen über Produktivität haben führende Manager geäußert, ihre besten Stunden wären früh am Morgen. Nicht, weil dann ihre mentale Energie am besten wäre, sondern weil man zu dieser Zeit weniger abgelenkt wird. Oder anders ausgedrückt, viele verbringen ihre Arbeitszeit in einer Umgebung, die dem Arbeiten nicht besonders zuträglich ist. Wie können Sie also Ihrem Hirn helfen, den Fokus zu finden und zu halten?

- Finden Sie heraus, was Sie vor allem ablenkt. Welche sind Ihre fünf bis zehn häufigsten Ablenkungen? Wie können Sie diese reduzieren oder loswerden? Wenn Sie immer wieder von Personen unterbrochen werden, setzen Sie eventuell Grenzen, sodass man weiß, wann Sie gestört werden dürfen. »Eine kurze Frage« kann den Fluss zerstören und für 20 Minuten Arbeitszeitverlust sorgen, was sich auf Ihre Produktivität auswirkt, selbst, wenn sie beantwortet ist.

- Konzentrieren Sie sich immer nur auf eine Sache und achten Sie auf technologische Ablenkungen. Schalten Sie die E-Mail-Benachrichtigung aus oder schließen Sie das Mailprogramm, wenn Sie es nicht brauchen. Müssen so viele Fenster und Programme gleichzeitig geöffnet sein? Ihr Verhältnis zur Technik lenkt Sie vielleicht ab und verhindert eine bessere Konzentration. Schauen wir uns das mal genauer an.

TECHNIK UND IHR GEHIRN

Eine Diskussion über Aufmerksamkeit wäre ohne das Thema Telefon nicht komplett. Ich bin ein großer Technik-Fan, aber manche unserer digitalen Gewohnheiten beeinträchtigen langsam unsere mentale und emotionale Gesundheit und zerstören die Produktivität.

Haben Sie heute noch vor dem Aufstehen Ihre Mails gecheckt? Falls ja, haben Sie es getan, weil das für Sie die beste Möglichkeit ist, den Tag zu beginnen? Schauen Sie manchmal fern und daddeln gleichzeitig am Smartphone oder Tablet? Wenn Sie ein Buch lesen würden, würden Sie dann auch daddeln?

Laut einem führenden Mobilfunkanbieter schaut ein durchschnittlicher Nutzer ca. 150 Mal pro Tag auf sein Handy.[43] Forscher der University of Sussex haben herausgefunden, dass Menschen, die mehrere Multimediageräte gleichzeitig nutzen (wenn Sie die zweite Frage oben mit »ja« beantwortet haben, gehören Sie dazu!) weniger graue Gehirnmasse im präfrontalen Cortex haben, dem Bereich, der für die kognitive und emotionale Kontrolle zuständig ist.[44]

Wir kultivieren einen Zustand »ständiger partieller Aufmerksamkeit«. Wenn wir ständig die kognitive Blickrichtung wechseln, überrascht es dann, dass wir uns nur schwer konzentrieren können? Die Digitaltechnik beeinflusst sogar die Art, wie wir Informationen verarbeiten und die Welt wahrnehmen. Sind wir noch in der Lage, große Mengen Text zu verarbeiten oder dessen Bedeutung auf dem Bildschirm wahrzunehmen? Können wir uns ohne Computer-Bookmarks noch erinnern und unbekannte Städte noch ohne Google Maps erforschen?

Die Technik ist vielversprechend, aber unsere Beziehung zu ihr stellt uns vor ein Paradox. Wir können unseren Schlaf mit dem Handy überwachen, demselben Gerät, das uns nachts vom Schlafen abhält. Wir sind mehr denn je vernetzt, dennoch fühlt sich die Hälfte der Menschen einsamer als je zuvor. Der Zugang zu unvorstellbaren Mengen an Informationen sollte schnellere gemeinsame Problemlösungen fördern, unsere »immer on«-Kultur verhindert jedoch die nötige Ruhezeit, um Lösungen zu generieren.

Wir vergessen oft, dass wir uns die meisten digitalen Gewohnheiten nicht aussuchen. Entscheiden Sie bewusst, morgens zuerst die Mails zu checken, oder tun Sie es, weil Ihr Handy auch als Wecker dient? Schauen Sie am Wochenende nach Ihrer Mail, und wenn ja, tun Sie das, weil Sie das Wochenende für die beste Zeit dafür halten? Würden Sie Ihre technischen Gewohnheiten auch anderen Leuten empfehlen?

Machen Sie sich Ihr Verhältnis zur Technik bewusst und gehen Sie bewusster mit Ihren Gewohnheiten um. Probieren Sie Folgendes:

- Schalten Sie alle Benachrichtigungen aus, vor allem die der Mails. Immer, wenn Sie einen Warnton hören (E-Mail, SMS, ein »Like«, »Retweet«, Statusupdate etc.), werden Sie abgelenkt. Betrachten Sie es aus evolutionärer Perspektive – ein unerwarteter hörbarer oder sichtbarer Stimulus könnte eine Belohnung sein. Er erfordert also unbedingt Ihre Aufmerksamkeit und zerstört Ihre Konzentration und Ihre Produktivität. Die Benachrichtigung schalten Sie so aus: iPhone: Einstellungen > Mitteilungen. Android: Einstellung > Apps.
- Bearbeiten Sie mehrere E-Mails auf einmal schubweise mehrfach am Tag (ca. dreimal) und schalten Sie das E-Mail-Pro-

gramm aus, wenn Sie es nicht benutzen. Bei manchen Arbeitsbildern ist eine sofortige Bearbeitung der E-Mail nötig, bei den meisten jedoch nicht. Wenn Sie immer sofort auf E-Mails antworten, schaffen Sie Erwartungen und gelangen so in eine Endlosschleife. Wenn es wirklich dringend ist, kann man Sie anrufen.

- Hören Sie auf, immer morgens zuerst nach der Mail zu schauen. Ich habe es bereits erwähnt, probieren Sie es mal eine Woche lang aus. Entweder macht es keinen Unterschied – oder es ändert sich mehr, als Sie denken. Benutzen Sie Ihre Smart-Geräte und Apps bewusst. Verschieben Sie die »Sucht«-Apps (Sie wissen, welche) auf den zweiten oder dritten Handy-Bildschirm. Damit treffen Sie Ihre Entscheidungen bewusster.
- Nehmen Sie sich vor dem Zubettgehen eine Stunde technikfrei. Nehmen Sie sich mindestens einmal im Jahr eine Woche technikfrei (Sie können im Urlaub auch mal ohne Mails und Social Media auskommen).
- Protokollieren Sie die Nutzung Ihrer Technik bzw. Programme. Webbasierte Dienste wie RescueTime zeichnen auf, wie lange Sie mit E-Mail, Webseiten und anderen Anwendungen zubringen. Am Ende der Woche erhalten Sie einen Bericht und basierend darauf einen Überblick über Ihre Produktivität. Das ist unheimlich wertvoll, auch wenn Sie es nur ein paar Wochen durchhalten. Und es gibt eine kostenlose Version.
- Wenn Sie wirklich mit den Verlockungen des Internets zu kämpfen haben, verwenden Sie Ablenkungs-Blocker-Apps oder Site-Blocker wie LeechBlock. Sie blockieren entsprechend den von Ihnen aufgestellten Regeln bestimmte Websites. Wenn Sie zum Beispiel glauben, zu viel Zeit mit sozialen Netzwerken zu verbringen, können Sie die Regeln aufstellen »Kein Zugang zu Facebook von 9 bis 11 Uhr«.

BRAIN DUMPS

Konzentrieren Sie sich immer nur auf eine Sache, reduzieren Sie Ablenkungen und nutzen Sie die Technik zielgerichteter, dann wird Ihre Aufmerksamkeit durch die Decke gehen. Wenn Sie aber viele Dinge im Kopf haben, wird Ihnen ein Fokus schwerfallen.

Dinge im Kopf herumzutragen ist eine weitere Form des Multitaskings, außerdem eine Verschwendung mentaler Energie. Wie David Allen, Autor von *Getting Things Done* anmerkt: »Ihr Kopf ist dazu da, Ideen zu haben, nicht, um sie festzuhalten.«[45]

Damit sich Ihr Kopf konzentrieren kann, müssen Sie ihn regelmäßig entleeren. Am besten tun Sie das mit einem wöchentlichen »Brain Dump«. Dies ist eine einfache Übung, bei der Sie alle vernachlässigten Aufgaben und verschiedenen »To-sos« aus Ihrem Kopf bekommen.

Betrachten Sie es als eine Art »Spülung« für alles, was noch nicht in Ihrem Kalender gelandet, aufgeschrieben oder in ein Management-System aufgenommen ist. »Mail an Judy; Matt anfragen; Gespräch mit Nina arrangieren; Geburtstagskarte an Nichte; Reiseversicherung erneuern; Rechnung bezahlen; Schublade aufräumen; Laptop sichern ...«

ÜBUNG: BRAIN DUMP

1. Nehmen Sie Stift und Papier (oder Task-Manager oder Notepad, wenn Ihnen das lieber ist ...).
2. Schreiben Sie alle unerledigten Dinge auf, die in Ihrem Kopf herumschwirren, weil sie erledigt werden wollen. Beziehen Sie private und berufliche Aufgaben gleichermaßen ein. Entleeren Sie alles auf eine Seite.
3. Sortieren, priorisieren oder erledigen Sie vorerst nichts davon.

Machen Sie Ihren Kopf leer und setzen Sie Ihre mentale Energie und Ihre Aufmerksamkeit frei. Vielleicht finden Sie diese Liste nützlich:

- **Privat** – zu Hause, Freunde, Familie, Büro, Versicherung, Bank, Urlaub, Ereignisse, Geburtstage, Bücher, Filme, Freizeit, kreative Projekte, lernen, Besorgungen, reparieren, aufräumen, sortieren ...

- **Beruflich** – E-Mail beantworten, Anrufe, Meetings, Dinge, die es zu verfolgen gilt, nächste Projektschritte, Projekte beginnen, Unternehmensentwicklung, Dinge kommunizieren, Ideen aufgreifen ...

DEN POSTEINGANG LEEREN

Da Ihr Hirn jetzt quasi leer ist, kann es besser arbeiten. Vollziehen Sie den Brain Dump einmal pro Woche. Lassen Sie sich nicht zu einem täglichen Brain Dump verleiten, sonst wird daraus eine To-do-Liste, aber das ist er nicht. Vielmehr soll es ein regelmäßiges Aufräumen sein, um zu verhindern, dass sich zu viele unerledigte und unfertige Aufgaben anhäufen.

So bekommen Sie Ihren Kopf am schnellsten leer. Sie schlafen besser, arbeiten besser und denken klarer. Wenn es Sie anstrengt zu sehen, wie viel Sie zu tun haben, bedenken Sie: Es sind nicht mehr geworden als vor der Übung, aber Ihr Hirn ist jetzt in besserem Zustand, um sie zu erledigen.

Nach einem Brain Dump haben Sie vier Möglichkeiten, die Liste zu entleeren:

1. Löschen oder delegieren: Bevor Sie versuchen, etwas schneller oder besser zu erledigen, fragen Sie sich, ob Sie es überhaupt tun müssen. Tun Sie weniger, um mehr zu schaffen.

2. 3-Minuten-Regel: Wenn etwas weniger als drei Minuten dauert, erledigen Sie es sofort - dauert es länger, dann nicht. Wenn Sie alle Aufgaben sofort nach ihrem Eintreffen erledigen, reagieren Sie nur noch und sind weniger selbstbestimmt.

3. Tragen Sie es in den Kalender ein. Alles, was bis zu einem Termin erledigt werden muss, sollte in Ihrem Kalender stehen.

4. Legen Sie alles in Projektordnern oder einem Task-Management-System ab. Hier stolpern viele: Manche Dinge gehören weder in Ihren Kalender, noch müssen sie sofort erledigt werden. Wo legen Sie sie ab? Dafür brauchen Sie ein System, sonst tragen Sie das Zeug ewig in Ihrem Kopf herum.

Wenn Sie Ihre abgelegten Aufgaben und Projekte irgendwo ablegen müssen, schauen Sie sich mal Apps wie Wunderlist, OmniFocus, Reminders, Todoist und Things an. Alle bieten ähnliche Funktionen, also probieren Sie eine, die sich mit Ihrem Kalender synchronisiert. Wenn Sie mit Google Calendar arbeiten, empfehle ich CalenGoo als Kalender-App und GoTasks für Ihre Aufgaben.

Eine Alternative ist Evernote. Zwar ist das eher eine Notiz-App, aber für mich ist sie das beste Tool, um meine Ideen zu ordnen. Ohne sie wäre ich verloren.

Egal für welches Projektmanagement-System Sie sich auch entscheiden:

- Legen Sie Ordner entsprechend Ihren Projekten an.
- Legen Sie einen Überordner an und nennen Sie ihn »Inbox«. Der ist für den Brain Dump gedacht.
- Entleeren Sie diese Inbox wie oben beschrieben.

Ihr Hirn ist nun frei und entrümpelt. Sie können sich also leichter konzentrieren, schlafen und fühlen sich einfach besser.

BESSERE PRODUKTIVITÄT: ALLES ZUSAMMEN

So sieht ein möglichst produktiver Morgen bei mir aus:

- Erwachen nach sieben bis neun Stunden Schlaf
- Ein halber Liter Wasser
- Kurze Meditation
- 20 Minuten Spaziergang oder leichter Lauf
- Gesundes Frühstück
- 50 Minuten Arbeit an den wichtigsten Dingen, dann zehn Minuten Pause (und Bewegung)
- (dreimal wiederholen)
- Mittagessen

Ich wiederhole diese Routine zwar nicht jeden Tag und ich glaube auch nicht, dass man tagtäglich einen gesunden Umgang mit Hirn, Arbeit und Leben pflegen kann. Es gibt aber gewisse Prinzipien und Bedingungen, die zu den besten Ergebnissen führen:

- Das 80/20-Prinzip anwenden
- Mehr Zeit in die MVTs investieren und weniger in die LVTs
- Die MVTs zur produktivsten Zeit erledigen
- In kurzen Sprints arbeiten, dann kurze und richtige Pausen einlegen
- Auf eine Sache konzentrieren und Ablenkungen vermeiden
- Weniger E-Mails und Technik bewusst einsetzen
- Regelmäßige Brain Dumps, um den Kopf frei zu bekommen
- Meditation, Sport, gesunde Ernährung, Schlaf ... um Ihre mentale Leistung zu erhalten und zu verbessern
- Experimentieren und das System verändern, je nachdem, was für Sie am besten funktioniert

BESSERE PRODUKTIVITÄT: CHECKLISTE

1. Wie können Sie das 80/20-Prinzip anwenden?
2. Was sind Ihre MVTs und LVTs?
3. Wie können Sie den MVTs mehr Energie widmen?
4. Wann erledigen Sie die LVTs?
5. Wie oft machen Sie Pause?
6. Wie verbessern Sie Ihren Fokus?
7. Wie machen Sie sich Ihre Techniknutzung bewusst?
8. Wie oft machen Sie einen Brain Dump?

Was werden Sie ab jetzt ändern? Notieren Sie!

TEIL DREI

BESSERE KREATIVITÄT

Produktivität und Kreativität werden häufig synonym verwendet. Allerdings sind sie aus Sicht Ihres Hirns sehr verschieden.

Hatten Sie jemals unter der Dusche eine gute Idee? Oder ist Ihnen aufgefallen, dass Ihnen beim Spazierengehen immer das beste einfällt? Wir wollen uns immer besser fokussieren und dennoch mehr erledigen. Doch unser Geist beginnt zu wandern, wenn wir aufhören zu arbeiten, und Lösungen fallen uns oft erst dann ein.

Darum müssen wir zwischen verschiedenen Arten der Hirnfunktion unterscheiden. Einerseits haben wir das rationale Gehirn: logisch, linear, fokussiert; so, wie wir es in den letzten Abschnitten untersucht haben, verantwortlich für umfassende kognitive Funktionen und Handlungsausführung. Andererseits gibt es das kreative Hirn: intuitiv, lateral und umherschweifend; dieses Hirn löst Probleme.

Wir verlassen uns tendenziell zu sehr auf das logische Hirn und vergessen, dass unser kreatives Hirn unter anderen Bedingungen arbeitet, als unter denen wir arbeiten.

Wie Einstein sagte: »*Der intuitive Geist ist ein heiliges Geschenk und der rationale Geist ist ein treuer Diener. Wir haben eine Gesellschaft erschaffen, die den Diener ehrt und das Geschenk vergessen hat.*«

In diesem Kapitel untersuchen wir den Prozess der Kreativität, Arten kreativen Denkens und Möglichkeiten, das laterale Denken zu fördern. Wir betrachten kreative Geisteszustände, warum Sie in der Dusche gute Ideen haben und wie Sie diese öfter genießen können.

DER KREATIVE PROZESS

Es herrscht ein ständiger Irrglaube, Kreativität wäre angeboren, dabei ist sie eine erworbene Fähigkeit, die sich mit Übung sogar verbessert. Sie lässt sich in einen Prozess aufschlüsseln, dessen Stufen durchaus verbessert werden können.

Der typische kreative Prozess umfasst folgende Stufen:

Erfahrung
Absorption und Assimilation von Wissen und Erfahrungen

Inkubation
Zeit, das Gelernte sacken zu lassen und Schlüsse zu ziehen

Frage
Eine Frage oder ein Problem taucht auf

Erleuchtung
Entstehung von Ideen, einer Lösung oder Antwort

Aktion
Umsetzung dieser Lösung

BEREIT SEIN ZUM SCHEITERN

Bevor wir den kreativen Prozess untersuchen, ist es wichtig, zu betonen, dass Kreativität und Innovation von der Bereitschaft zum Scheitern abhängen. Scheitern liefert Feedback und experimentelle Einblicke, die sich sonst schwer finden lassen.

Thomas Edisons Erfindung der Glühlampe ist dafür ein ausgezeichnetes Beispiel. Er sagte, er habe Tausende Möglichkeiten ausprobiert, um eine marktfähige Glühlampe zu erfinden, und keine hätte funktioniert. Ein Freund fragte, es wäre doch wohl klar, dass er gescheitert sei. Edison entgegnete jedoch: »Ich bin nicht gescheitert, ich habe nur 10.000 Wege gefunden, wie es nicht geht.« Kurz darauf fand er die Lösung (mit einem stabilen, aber durchaus erschwinglichen verkohlten Bambus-Glühfaden). Das Scheitern befähigte ihn zu wiederholter Innovation.

Scheitern Sie öfter und gestatten Sie auch anderen das Scheitern. Indem Sie Fehler verhindern, schränken Sie Ihre Entwicklung ein, begrenzen andere in ihrer Autonomie und beschneiden alle in ihrer Kreativität.

SCHRITT 1: ERFAHRUNG

Eine hilfreiche Definition von Kreativität ist »die Fähigkeit, Beziehungen zwischen Konzepten ohne Bezug herzustellen«. Je breiter Ihre Wissenspalette ist und je größer Ihr Erfahrungsschatz, desto mehr Konzepte ohne Bezug haben Sie zum Arbeiten zur Verfügung.

Interessant ist, dass Nobelpreisträger 20-mal wahrscheinlicher auch als Schauspieler, Tänzer oder Zauberer auftreten könnten; Kreativ zu sein hat also weniger mit einer bestimmten Spezialisierung zu tun als damit, Interesse an verschiedenen Dingen zu kultivieren.

- **Erweitern Sie Ihren Horizont und nähren Sie Ihre Neugier:** Lesen Sie viel und lernen Sie in allen Bereichen. Werden Sie Universalgelehrter. Lernen Sie neue Leute kennen und hören Sie ihnen zu. Der Dalai Lama mahnt: »Wenn du sprichst, wiederholst du nur das, was du weißt. Aber wenn du zuhörst, kannst du etwas Neues lernen.«

- **Kooperieren Sie und nutzen Sie Unterschiede:** Die kollektive Erfahrung einer Gruppe ist wahrscheinlich größer als die einer Einzelperson. Das demonstriert die große Bedeutung der Diversität in innovationsbereiten Organisationen. Mit wem könnten Sie zusammenarbeiten?

- **Zeichnen Sie alles auf:** Suchen Sie sich eine Möglichkeit, Ihre Ideen, Gedanken oder Begegnungen mit Dingen aufzuzeichnen, die Sie behalten wollen. Die App bzw. das Web-Tool Evernote ist dazu gut geeignet. Haben Sie etwas, wo Sie Ihre Ideen aufzeichnen und ständig darauf zugreifen können?

SCHRITT 2: INKUBATION

Kreativität braucht Zeit – wie jeder Prozess. Wenn schnelle, kreative Lösungen verlangt werden, entstehen selten die besten Ideen, denn die brauchen Zeit zum Reifen.

Ihr Hirn stellt am besten im Schlaf neue Verbindungen her. Die Wissenschaft ist voller Entdeckungen, die wir der unbewussten Hirnarbeit im Schlaf zu verdanken haben: Dmitri Mendelejews chemische Elemente sind ihm im Schlaf in einer Ordnung erschienen, die wir heute als Periodensystem kennen; August Kekulés Traum von tanzenden Atomen führte zum heutigen Bild der Atomanordnung im Benzolring; Otto Loewis Traum initiierte die Forschung, die schließlich herausfand, dass Synapsen chemisch kommunizieren.

- **Geben Sie sich selbst (und anderen) Zeit, wichtige Probleme zu wälzen.** Vorsicht vor allzu schnellen Problemlösungen in der Hoffnung, Effizienz oder Reaktionsschnelligkeit zu demonstrieren. Schnelle Lösungen zu erzwingen kann die Chancen auf wirklich neue, geniale Ideen auslöschen.

SCHRITT 3: FRAGE

Wir lieben kreative Problemlösungen offensichtlich so sehr, dass wir häufig versuchen, eine Lösung zu finden, bevor wir das Problem überhaupt verstanden haben.

Würde ich Sie bitten, eine Brücke über eine Straße zu bauen, würden Sie vermutlich sofort fragen, welche Experten dabei helfen, welches Material das beste wäre, welche Werkzeuge wir verwenden können und wie lange der Bau dauern darf. Viel wichtiger wäre jedoch die Frage: »Warum müssen wir auf die andere Seite?«

Wie Einstein bereits sagte: »Hätte ich eine Stunde Zeit, um ein Problem zu lösen, würde ich die ersten 55 Minuten damit zubringen, die richtige Frage zu stellen.«

ÜBUNG: FRAGEN STELLEN

Nehmen Sie ein Problem, das Sie zu lösen haben. Es muss nichts Dringendes sein, eher etwas, an dem Sie ein paar Minuten arbeiten können, zum Beispiel, wie Sie Ihr Unternehmen vergrößern können, wohin es im Urlaub gehen soll oder was Sie Ihrem Partner bzw. Ihrer Partnerin zum Geburtstag schenken könnten. Wenn Sie sich für das Problem entschieden haben, das Sie lösen wollen:

1. Schreiben Sie 15 Minuten lang *nur Fragen* auf.
2. Beantworten Sie noch keine; das wird schwerer, als Sie denken – aber bitte keine Antworten.
3. Stellen Sie so viele Fragen wie möglich, möglichst offene Fragen und möglichst tiefgreifende.

Wenn Sie zum Beispiel an einem geschäftlichen Problem arbeiten, könnten folgende Fragen nützlich sein:

- Wie sieht Erfolg aus?
- Warum muss das Problem gelöst werden?
- Welchen Vorteil hätte eine Lösung des Problems?
- Was wäre dann möglich?
- Was würden Sie tun, hätten Sie das doppelte Budget?
- Was würden Sie tun, hätten Sie mehr Zeit?
- Was hat in der Vergangenheit funktioniert und was nicht?
- Was haben andere getan?
- Wer könnte helfen, wen könnten Sie fragen?

Einige meiner Kunden haben nach dieser Übung monatelange Probleme im völlig neuen Licht gesehen. Denn die richtigen Fragen können Ihre Annahmen infrage stellen, die Perspektive verschieben und zu völlig neuen Denkweisen führen.

- Um Probleme zu lösen, stellen Sie erst einmal Fragen. Hinterfragen Sie Ihre Annahmen und umreißen Sie das Problem neu.

- Strukturieren Sie das Problem neu und versuchen Sie, es auf andere Weise zu untersuchen. Häufig erweisen sich Metaphern als gute Auslöser für Kreativität, weil sie helfen, das Problem neu zu strukturieren. Auch eine bloße Umformulierung des Problems kann effektiv sein.

- Wenn Sie das Problem besser verstehen, präsentieren sich Lösungen häufig fast wie von selbst.

SCHRITT 4: ERLEUCHTUNG

An der Problemlösung sind zwei Arten kreativen Denkens beteiligt: *divergentes* und *konvergentes* Denken.

Divergentes Denken: Strategien des lateralen Denkens, um Auswahlen zu treffen, Ideen zu generieren oder Lösungen und Optionen zu finden. Brainstorming und Mindmapping sind gute Beispiele.

Konvergentes Denken: Finden einer einzigen Lösung oder Bilden von Assoziationen und Verbindungen zwischen Konzepten. Ideen, die in der Dusche entstehen, oder Lösungen, die im Schlaf auftauchen, sind wahrscheinlich Produkte konvergenten Denkens.

Jeder Typ des Denkens ist aus verschiedenen Gründen wertvoll und wichtig. Schauen wir mal, wie unterschiedlich sie sich anfühlen:

ÜBUNG: DIVERGENTES DENKEN

- Schreiben Sie zehn Minuten lang auf, welche Anwendungsmöglichkeiten Ihnen für eine Büroklammer einfallen. Seien Sie kreativ. Blödsinn ist auch erlaubt.

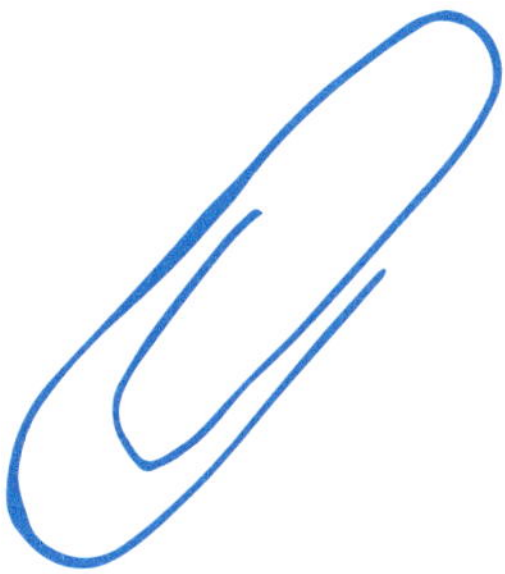

Wie hat sich diese Übung angefühlt?

Divergentes Denken ist das, was Einstein als »Spaß der Intelligenz« bezeichnete. Das mag zu Beginn etwas zäh anlaufen, aber mit der Zeit wird Ihr Denken lateraler, was sich in fantasievolleren Einsatzmöglichkeiten für eine Büroklammer widerspiegelt.

ÜBUNG: KONVERGENTES DENKEN

- Versuchen Sie, für jede der unten aufgeführten Wortgruppen ein Wort zu finden, das alle verbindet (eine Vor- oder Nachsilbe). Für das erste Set wäre es zum Beispiel »Tisch« (Tischmanieren, runder Tisch, Tischtennis).

1. Manieren - rund - Tennis
2. Schmerz - Bedeckung - Zeile
3. Fall - Film - Mineral
4. Laden - Frucht - Orangen
5. grün - Mus - Korn
6. Fass - Rebe - selig
7. zerbrochen - klar - Auge
8. Münze - Tafel - Löffel
9. Chips - Salat - Ofen
10. Computer - Laden - putzen

Wie unterscheidet sich diese Übung im konvergenten von der Büroklammer-Übung im divergenten Denken?

Konvergentes Denken ähnelt eher der Kreativität, wie sie der Autor William Plomer beschreibt, als die »Macht, das scheinbar Unverbundene zu verbinden«. Diese Übung mögen Sie vielleicht als eher frustrierend empfunden haben, aber wenn Sie die Punkte verbinden und die korrekte Antwort auftaucht, spüren Sie eine Erleichterung.

Sie können die Übung gleich noch einmal probieren, aber zuerst wollen wir Möglichkeiten finden, beide Denkweisen zu verbessern.

DIVERGENTES DENKEN VERBESSERN

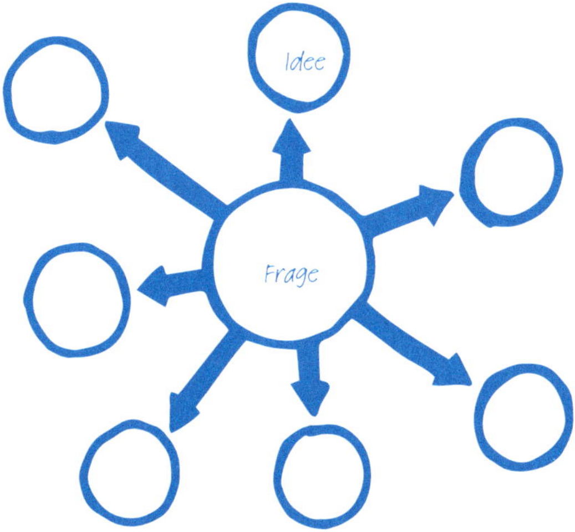

Wenn Sie viele Ideen, Lösungen oder Strategien finden müssen, probieren Sie Folgendes, um Ihr divergentes Denken zu verbessern:

- Verzichten Sie einmal auf jedes Urteil und denken Sie ohne Grenzen. Entfernen Sie alle »Filter« und schwächen Sie Ihre Ideen nicht ab. Häufig behalten Menschen ihre »verrückten« Ideen für sich, dabei sind diese meist sogar die besten. Das erklärt unter anderem, warum oft so gute Ideen entstehen, wenn man eine Gruppe als Individuen um Brainstorming bittet und die Antworten dann zusammenführt.

- Um auf ein Urteil zu verzichten, kann es helfen, die eigentliche Aufgabe hinter etwas anderem zu »maskieren«. Probieren Sie zum Beispiel folgende Übung:

ÜBUNG: STURM IM ALPHABET

Nehmen Sie sich zehn Minuten: Denken Sie sich kreative Verwendungsmöglichkeiten für eine Büroklammer aus – aber diesmal je eine für jeden Buchstaben des Alphabets. Zum Beispiel »Ohrring« gehört unter »O«, »Wimpernzange« unter »W«. Seien Sie so kreativ wie möglich und füllen Sie alles aus.

A	H	O	V
B	I	P	W
C	J	Q	X
D	K	R	Y
E	L	S	Z
F	M	T	
G	N	U	

Was ist Ihnen bei dieser Übung aufgefallen? War sie einfacher oder schwerer als die weniger eingeschränkte Übung? Viele finden den Sturm im Alphabet einfacher. Paradoxerweise kann eine Einschränkung in einem Bereich der Aufgabe die Kreativität in einem anderen entfachen. Wenn Sie diesmal mehr Ideen hatten, kann das daran liegen, dass Sie durch die Buchstaben nicht geurteilt, abgeschwächt und damit Ihre kreativen Ideen für die Büroklammer eingeschränkt haben.

Um das divergente Denken zu verbessern, versuchen Sie, Ihren Denkstil neu aufzusetzen oder den kognitiven Ansatz zu verschieben:

- **Ändern Sie Ihre Perspektive.** Gehen Sie woanders hin, in einen anderen Raum oder ganz woanders. Sie könnten sogar in die Kneipe gehen; manche Menschen sind nach ein paar Bier kreativer.[46] Allein, dass Sie Ihren Schreibtisch verlassen, kann helfen, das Problem aus einem anderen Winkel zu betrachten.
- **Ändern Sie Ihre »Wahrnehmungsposition«.** Damit betrachten Sie die Welt aus der Sicht eines anderes. Das ist vor allem dann hilfreich, wenn Sie kreativ über eine Unternehmensstrategie nachdenken. Was halten Ihre Kunden davon? Wie fühlen sich Ihre Mitarbeiter? Sehen Sie das Problem mit anderen Augen, vielleicht fällt Ihnen etwas auf, was Sie bisher verpasst haben.
- **Übernehmen Sie ein »kontrafaktisches Mindset«.** Ihr Hirn hat die erstaunliche Fähigkeit, sich vorzustellen, was wäre, wenn. Das kann helfen, die aktuelle Realität zu hinterfragen. Versuchen Sie, Dinge aus Problemen oder Lösungen auszulassen oder hinzuzufügen.
- **Binden Sie andere Menschen ein.** Jemand anderem fällt vielleicht auf, was fehlt. Dies ist einer der Gründe, warum gemeinsames Arbeiten Kreativität und Innovation vorantreibt.
- **Gehen Sie spazieren.** Forscher der Stanford University haben herausgefunden, dass Menschen nach einem Spaziergang 50% mehr Ideen haben.[47]

KONVERGENTES DENKEN VERBESSERN

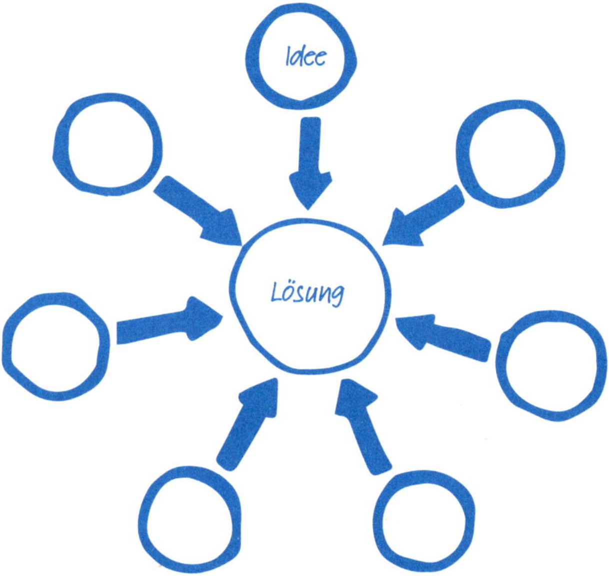

Probieren Sie diese Aufgabe noch einmal.

1. Manieren – rund – Tennis
2. Schmerz – Bedeckung – Zeile
3. Fall – Film – Mineral
4. Laden – Frucht – Orangen
5. grün – Mus – Korn
6. Fass – Rebe – selig

7. zerbrochen - klar - Auge
8. Münze - Tafel - Löffel
9. Chips - Salat - Ofen
10. Computer - Laden - putzen

Sind Ihnen inzwischen mehr Antworten eingefallen? (Sie finden die Antworten auf Seite 133.)

Etwas Abstand zu Problemen wie diesem führt fast immer zu einer Lösung. So wenig intuitiv, wie es erscheinen mag, wenn Sie eine einzelne Lösung finden müssen, brauchen Sie manchmal etwas Abstand, um die Antwort zu finden. Sie haben in der Dusche Ideen oder ziehen im Schlaf Parallelen, denn dann hören Sie auf, über das Problem nachzudenken.

Um zu begreifen, warum das so ist und wie Sie das anwenden können, um kreativer zu sein, hilft es, etwas mehr über die Zustände unseres Gehirns zu wissen und die Neurowissenschaft hinter dem Aha-Effekt zu verstehen.

DIE NEUROWISSENSCHAFT DES AHA-EFFEKTS

Um besser zu verstehen, warum wir durch Pausen kreativer werden, haben Neurowissenschaftler versucht, die neuronalen Korrelationen zum Aha-Effekt zu finden, und dabei zwei Dinge festgestellt:

1. Geistesblitze, die Aha-Momente, werden von einer Spitze in der hochfrequenten »Gamma-Aktivität« unseres Gehirns begleitet und ereignen sich 300 Millisekunden vor dem Aha-Moment.[48] Man nimmt an, dass diese Spitze in der elektrischen Aktivität die Bindung der Neuronen bei der Herstellung neuer kreativer Assoziationen repräsentiert.
2. Diesen Einfällen gehen »Alpha-Hirnwellen« voran.[49] Aha-Momente ereignen sich meistens, wenn das Hirn besonders entspannt ist.

Hirnzustände verstehen

Die elektrische Aktivität des Gehirns kann mit einem EEG (Elektroenzephalogramm) direkt auf dem Schädel (oder an der Kopfhaut) gemessen werden. EEG-Daten spiegeln unsere Hirnrhythmen wider, zwar nur recht grob, dennoch bieten sie wertvolle Einblicke in den *Zustand* unseres Gehirns.

Beta-Wellen (12 – 30 Hz). Vermutlich schütten Sie in diesem Moment Beta-Wellen aus. Sie werden mit Konzentration, Wachsamkeit und fokussierter Kognition in Verbindung gebracht.

Alpha-Wellen (8 – 12 Hz). Alpha-Wellen sind langsamer und werden mit einem offenen Geist assoziiert. Sie produzieren mehr Alpha-Wellen, wenn Sie entspannen, spazieren gehen oder duschen.

Theta-Wellen (4 – 8Hz). Theta-Wellen entstehen vor allem beim Einschlafen. Sie sind noch langsamer als Alpha-Wellen und werden mit Lernen und Erinnerung in Verbindung gebracht.

Delta-Wellen (1 – 4Hz). Die langsamsten Wellen treten nur im Tiefschlaf auf; man assoziiert sie mit Heilung, Erholung und Wachstum.

Forscher haben herausgefunden, dass wir durch schweres Arbeiten am Problem und ständiges Streben nach einer Lösung gleichwohl verhindern, eine Antwort zu finden. Je intensiver wir versuchen, eine Lösung zu finden, desto schwerer wird es.

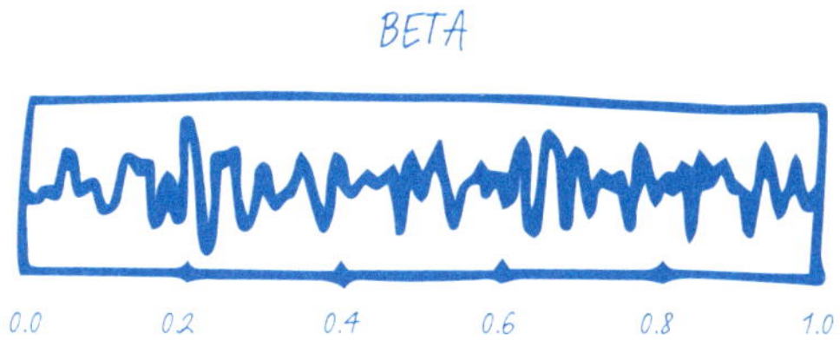

Nur wenn Sie die Wellen bis auf Alpha reduzieren, schaffen Sie die passenden Bedingungen für die Spitze der elektrischen Aktivität, die als Einfall oder Geistesblitz wahrgenommen wird.

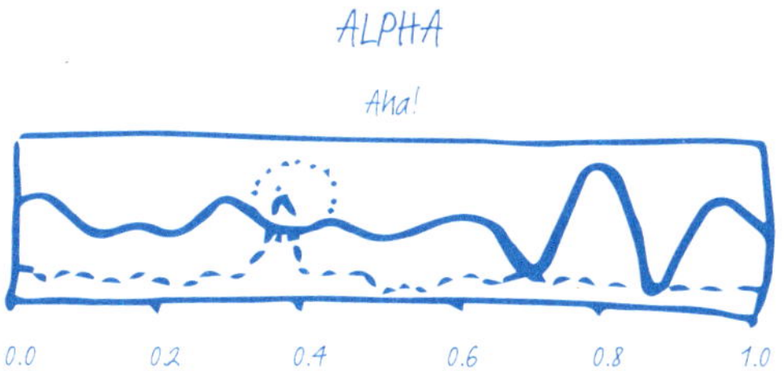

SO GERATEN SIE IN DEN ALPHA-ZUSTAND

Wenn Sie eine Lösung finden oder viele Ideen sortieren müssen oder wenn Sie eine kreative Eingebung brauchen, sollten Sie den Zustand des Hirns wechseln.

- **Legen Sie eine Pause ein.**
- **Gehen Sie spazieren.**
- **Bewegen Sie sich, treiben Sie etwas Sport.**
- **Lenken Sie sich mit etwas völlig anderem ab.**
- **Meditieren Sie.**[50]
- **Nutzen Sie Ihre Müdigkeit.**[51]
- **Überschlafen Sie die Sache.**
- **Gehen Sie duschen.**

Ich arbeite zum Beispiel nach diesem Prinzip, wenn ich für einen Kunden ein neues Trainingsprogramm erstellen will. Ich spreche so lange mit ihm, bis ich genau weiß, was er braucht. Dann setze ich Techniken des divergenten Denkens ein und trage Ideen für das Programmdesign zusammen.

Wichtig ist, dann nicht mehr darüber nachzudenken. Ich gehe spazieren, schlafe eine Nacht darüber oder gehe mit einem Glas Wein in den Garten. Ich delegiere die Verarbeitung an mein kreatives Hirn und gebe ihm dann die Zeit und den Raum, den es braucht. Wenn mein Hirn dann den richtigen Zustand erreicht hat, ergibt sich die Lösung meist wie von selbst – und oft so klar, dass sie plötzlich ganz offensichtlich erscheint. Wenn Sie Ihr kreatives Hirn so einsetzen, schaffen Sie bessere Lösungen – in kürzerer Zeit.

SCHRITT 5: AKTION

Der letzte Schritt im kreativen Prozess muss die Aktion sein, die Tat. Es muss etwas passieren, eine Idee allein bringt nichts, wenn Sie nichts damit anstellen. Nur durch die Aktion wird die Kreativität zur Innovation.

»Es reicht nicht, um die Ecke zu denken ... Sie müssen auch um die Ecke handeln.«

Tim Ferriss, Autor von *Die 4-Stunden-Woche*

BESSERE KREATIVITÄT: ALLES ZUSAMMEN

Ihr kreatives und Ihr logisches Hirn gedeihen unter verschiedenen Bedingungen. Um aber smart denken und arbeiten zu können, brauchen Sie beide.

- Erweitern Sie Ihren kreativen Horizont, indem Sie weiter lernen und neue Erfahrungen machen.
- Geben Sie Ihren Ideen Zeit zu reifen.
- Stellen Sie Fragen, um Ihre Annahmen auf die Probe zu stellen.
- Setzen Sie divergente Denkstrategien ein, um den Lösungsfindungsprozess zu starten.
- Generieren Sie dann Alpha-Wellen in Ihrem Gehirn, um für konvergente Aha-Momente zu sorgen.
- Setzen Sie Ihre Ideen in die Praxis um.

BESSERE KREATIVITÄT: CHECKLISTE

- Welche sind die fünf Schritte im kreativen Prozess?
- Wie können Sie Ihren kreativen Horizont erweitern?
- Wie können Sie der Kreativität mehr Zeit lassen?
- Wie können Sie mehr Fragen stellen?
- Was ist der Unterschied zwischen konvergentem und divergentem Denken?
- Wie können Sie das divergente Denken verbessern?
- Wie lässt sich das konvergente Denken verbessern?
- Wann haben Sie die besten Einfälle und warum?
- Wie können Sie den »Alpha-Zustand« erzeugen und für mehr Aha-Momente sorgen?

Was werden Sie ab jetzt ändern? Notieren Sie!

TEIL VIER

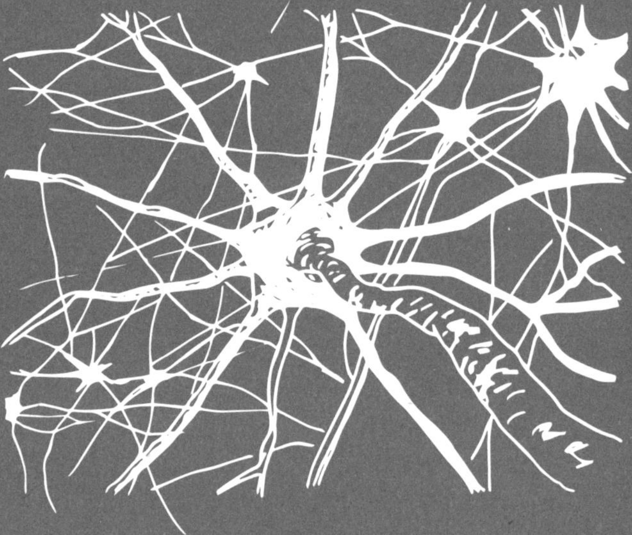

GEDÄCHTNIS VERBESSERN

Ein gutes Gedächtnis ist äußerst wertvoll – persönlich wie beruflich. Ihres wird täglich auf die Probe gestellt, was Sie gehört oder gelesen haben, was passiert ist, dazu die Namen von Personen, die Sie kennengelernt haben. Er ist schon erstaunlich, dass wir so wenig über das Gedächtnis wissen, darum überrascht es kaum, dass wir es meist verbessern wollen.

Würde ich Sie bitten, sich eine Liste von 15 Objekten zu merken und sie der Reihe nach aufzuzählen, an wie viele könnten Sie sich erinnern? Die meisten schaffen zwischen fünf und zehn.
Angenommen, ich würde Ihnen 15 meiner Freunde auf einer Party vorstellen, wie viele Namen würden Sie sich merken? Da sind sich viele Menschen unsicher – manche sagen sogar voraus, sie würden sich keinen einzigen merken.

Ihr Gedächtnis ist bereits besser, als Sie denken

Hat Sie ein Geruch schon mal um Jahre zurück an einen bestimmten Ort versetzt? Plötzlich erinnern Sie sich sehr detailliert an ein Gespräch oder eine Situation aus der Vergangenheit. Unter bestimmten Bedingungen funktioniert Ihr Gedächtnis ganz ausgezeichnet.

Wie machen Sie es noch besser?

1. Indem Sie Ihre Hirn-Fitness verbessern, wie in Kapitel 1 beschrieben, steigern Sie damit auch Ihre Hirnfunktionen, das Gedächtnis gehört dazu. Rüsten Sie die Hardware auf, dann funktioniert die Software besser.
2. Sie müssen wissen, dass Gedächtnis ein Prozess ist, dafür sollten Sie die besten Techniken einsetzen.

Auf den folgenden Seiten untersuchen wir das Gedächtnis als Prozess und ich zeige Ihnen die besten Techniken, um sich Listen, Namen und alles, was Sie lesen, zu merken.

Aber zuerst testen wir den aktuellen Zustand Ihres Gedächtnisses.

ÜBUNG: MERKLISTE

Nehmen Sie sich ein paar Minuten Zeit und merken Sie sich die 15 unten aufgeführten Dinge. Wenn Sie fertig sind, drehen Sie das Buch um und schreiben Sie sie *der Reihe nach* auf.

1. Uhr
2. Zitrone
3. Buch
4. Kaffee
5. Fußball
6. Computer
7. Feuer
8. Hähnchen
9. Gitarre
10. Eis
11. Boot
12. Wein
13. Auto
14. Stift
15. Gehirn

DER MERKPROZESS

Ihr Gedächtnis wird immer erst im letzten Teil eines dreistufigen Prozesses getestet. Wenn Sie sich etwas nicht merken können, heißt das aber nicht, dass Ihr Gedächtnis schlecht ist. Vielleicht haben Sie ja auch nur einen Fehler in Stufe 1 gemacht.

DER MERKPROZESS

Das ist, als würden Sie ein Dokument oder eine Datei auf Ihrem Computer anlegen.

Wenn Sie eine Datei erstellen und speichern, ist sie bei einer Suche leicht zu finden. Wenn Sie sie aber weder erstellt noch gespeichert haben, finden Sie sie auch nicht. Beim Gedächtnis ist das genauso. Um Schritt 2 zu verbessern, müssen Sie an den Schritten 1 und 2 arbeiten.

SCHRITTE VERBESSERN

SCHRITT 1: DATEI CODIEREN/ERSTELLEN

Wie oft werden Sie jemandem vorgestellt und vergessen den Namen sofort wieder? Nicht Ihr Gedächtnis ist daran schuld. Es liegt an der Aufmerksamkeit. Passen Sie also besser auf. Schon sich vorzunehmen, dass man sich den Namen merken will, kann ausreichen. Sie können außerdem Ihren Fokus mit Meditation stärken (siehe Seite 107).

SCHRITT 2: DATEI SPEICHERN

Dies ist der aktivste Teil des Prozesses – gleichzeitig auch der, den Sie am besten entwickeln können. Am besten funktioniert das mithilfe von:

- **Wiederholung** – wiederholen, um es sich zu merken; durch Verstärkung werden Ihre Erinnerungen stärker.
- **Assoziation** – lernen Sie durch Assoziation und nehmen Sie neue Informationen basierend auf vorhandenem Wissen auf.
- **Visualisierung** – nutzen Sie Ihre Vorstellungskraft und vor allem Bilder.

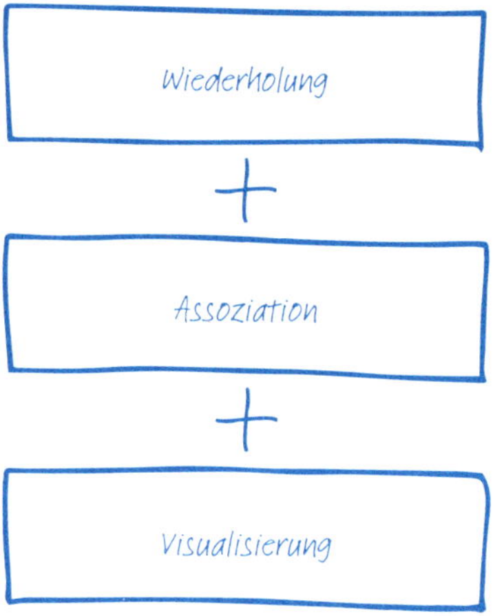

SCHRITT 3: DATEI ABRUFEN/FINDEN

Wenn Sie die Schritte 1 und 2 gut absolviert haben, ist Schritt 3 einfach. Sie werden sich erinnern.

Schauen wir uns nun ein paar besondere Merktechniken an, mit denen Sie sich besser an Listen, Namen und Gelesenes erinnern können.

LISTEN MERKEN

Stellen Sie sich vor, Sie betreten Ihr Schlafzimmer. Würde ich Sie fragen, welches Möbelstück links von Ihnen steht, Sie wüssten es, oder? Könnten Sie mir die anderen Möbel im Zimmer nennen? Natürlich!

Das ist die Basis für eine der mächtigsten Techniken, die auch von den Meistern im Gedächtnistraining verwendet wird: der Gedächtnispalast. Diese Technik verwendet das, was Sie bereits wissen (die Anordnung Ihrer Wohnung), um sich Dinge zu merken, die Sie noch nicht kennen (z. B. 15 Listeneinträge).

ÜBUNG: DER GEDÄCHTNISPALAST

Erstellen Sie Ihren Gedächtnispalast

1. Nehmen Sie sich Papier und Stift.
2. Entscheiden Sie, welchen Raum Sie verwenden wollen (z. B. Schlafzimmer, Wohnzimmer, Küche ...).
3. Zeichnen Sie eine Draufsicht des Raumes auf Papier.
4. Legen Sie eine Route fest, auf der Sie durch das Zimmer gehen (z. B. durch die Tür und dann im Uhrzeigersinn).
5. Suchen Sie sich 15 Orte im Raum (z. B. Möbelstücke), an denen Sie nacheinander vorbeigehen.
6. Schreiben Sie in die Zeichnung die Zahlen 1 bis 15 an die entsprechenden Möbelstücke im Raum.

Gehen Sie zum Beispiel im Uhrzeigersinn durch diesen Raum:

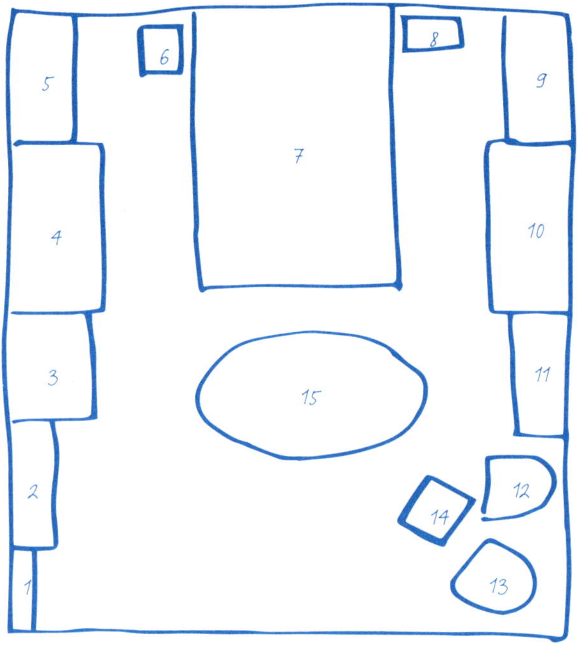

Merken Sie sich Ihren Gedächtnispalast

Schließen Sie dazu die Augen und stellen Sie sich vor, dass Sie in der entsprechenden Richtung durch den Raum gehen. Achten Sie darauf, dass Sie die Punkte 1 bis 15 korrekt zuordnen. Wenn Sie fertig sind, versuchen Sie es rückwärts. Sie müssen jeden Punkt sicher in der richtigen Reihenfolge beherrschen.

Merken Sie sich die Liste der 15 Einträge mit Ihrem Gedächtnispalast

Um sich 15 Listeneinträge zu merken, stellen Sie sich jeden an einem der 15 aufeinanderfolgenden Punkt in Ihrem Gedächtnispalast vor. Wenn der erste Eintrag zum Beispiel eine Uhr ist, schließen Sie die Augen und gehen Sie zu Punkt 1 (z. B. dem Tisch in Ihrem Wohnzimmer) und stellen Sie sich eine Uhr darauf vor. Machen Sie dann mit dem zweiten Punkt weiter und platzieren Sie den zweiten Eintrag entsprechend (eine Zitrone). Machen Sie weiter, bis Sie die 15 Gegenstände auf Ihrer Liste in der richtigen Reihenfolge verteilt haben.

- **Verwenden Sie möglichst reich geschmückte und lebendige Bilder.** Groß, leuchtend, bunt. Nutzen Sie Ihre Fantasie und machen Sie die Bilder bizarr, verrückt, fast wie im Cartoon.

- **Nutzen Sie alle Ihre Sinne.** Je mehr Sinne Sie einsetzen, desto mehr binden Sie Ihr Gehirn ein und desto besser können Sie sich an Ihr »Engramm« erinnern. Hören Sie, wie die Uhr tickt? Vielleicht schlägt sie sogar zur vollen Stunde?

Kehren Sie nun zur Liste auf Seite 93 zurück und merken Sie sich alle Einträge mithilfe des Gedächtnispalastes.

Die Liste abrufen

Um die Liste nun abzurufen, brauchen Sie nichts weiter zu tun, als durch Ihren Gedächtnispalast zu gehen. An jeder Stelle erinnern Sie sich an den Listeneintrag. Wenn Sie fertig sind, drehen Sie das Buch um und rufen die Liste ab.

Was ist Ihnen aufgefallen, als Sie sich die Liste dieses Mal gemerkt haben? Haben Ihnen Bilder und der Gedächtnispalast geholfen? Für welche Dinge war es am einfachsten, Bilder zu schaffen, und konnten Sie die besser abrufen? Welche konnten Sie mit Tönen, Gerüchen oder anderen Sinnen assoziieren, und hat das geholfen?

ÜBUNG: EIN KARTENSPIEL MERKEN

Herausforderung gefällig? Nutzen Sie Ihren Gedächtnispalast und merken Sie sich ein gemischtes Kartenspiel:

1. Erweitern Sie den Gedächtnispalast auf 52 Plätze – dazu werden Sie mehrere Räume brauchen; zum Beispiel Flur 1 – 20, Küche 21 – 40, Schlafzimmer 41 – 50, Bad 51 und 52.
2. Merken Sie sich ein bestimmtes Bild für jede Karte im Spiel. Ich habe mir für alle Werte ein Bild gemerkt (Ass bis König) und sie dann entsprechend den Farben verändert. Sie können sich auch Brücken bauen – vielleicht sieht ja Ihr Liebster wie ein Herz-Bube aus oder Ihre Liebste wie die Herz-Dame?
3. Merken Sie sich jede Karte an ihrem Platz im neuen Gedächtnispalast. Wäre die erste Karte in meiner Hand zum Beispiel eine Herz-Dame, würde ich mir vorstellen, meine Freundin säße gleich neben der Tür, wenn ich meinen Gedächtnispalast betrete.

NAMEN MERKEN

Es scheint vor allem ein Problem mit Namen zu sein, aber wir vergessen manche Worte quasi in dem Moment, in dem wir sie hören. Irgendwie scheint mit unserem Hirn etwas Merkwürdiges zu passieren, wenn eine Person sich vorstellt. Unsere Aufmerksamkeit verlässt uns für einen Moment und wir verpassen, den Namen zu speichern.

Ich erinnere mich, als ich am London College of Clinical Hypnosis studierte. Das College beschäftigte verschiedene Dozenten für die unterschiedlichen Module, uns wurden also ständig neue Gesichter vorgestellt. Eines Tages betrat ich einen Raum, in dem sich bereit viele meiner Kommilitonen aufhielten. Vorn stand eine Dozentin, die uns als Dr. Anna vorgestellt wurde.

Ich unterschrieb das Anmeldeformular und setzte mich. Für den Rest des Tages wurden Studenten, die eine Frage stellten oder einen Kommentar gaben, mit Namen angesprochen. Dr. Anna hatte sich, ohne dass wir es bemerkten, beim Anmelden alle unsere Namen gemerkt. Wir waren mehr als 20 Leute ... und ich bin noch heute beeindruckt.

Sich Namen merken zu können, bringt schnell Anerkennung, denn es zeigt, dass einem die Menschen wichtig sind und man ihnen seine volle Aufmerksamkeit widmet. Oder wie die französische Philosophin Simone Weil einmal sagte: *»Aufmerksamkeit ist die seltenste und reinste Form von Großzügigkeit.«*

DIE NAMEN VON LEUTEN MERKEN

1. In dem Sekundenbruchteil, in dem sich jemand vorstellt, müssen Sie aufmerksam sein, also anwesend, nicht abgelenkt und Sie müssen sich den Namen merken wollen.

2. Wiederholen Sie den Namen so schnell wie möglich, am besten sofort (z. B. »Ich bin Robby.«; Sie: »Hallo Robby.«). Die Wiederholung verbessert das Erinnerungsvermögen und zwingt Sie, gleich beim ersten Mal aufzupassen.

3. Schaffen Sie sich ein Bild, das den Namen irgendwie widerspiegelt. Damit bleibt er in Ihrem Gedächtnis. Sie könnten eine Metapher oder auch eine direkte Darstellung verwenden. Sie können den ersten Buchstaben einbauen oder den Klang des Namens wiedergeben. Sie könnten ihn mit einer berühmten Person in Verbindung bringen oder mit jemandem, den Sie bereits kennen. Nutzen Sie Ihre Fantasie möglichst aktiv – je verrückter, desto besser.

Üben Sie es. Wenn Sie das nächste Mal zu einer Veranstaltung gehen, einer Party oder einer Gelegenheit, bei der Sie neue Menschen kennenlernen, nutzen Sie das als Übung. Fragen Sie die Leute nach ihrem Namen und merken Sie sie sich. Seien Sie die Person, die sich an alle Namen erinnern kann.

LESEN UND MERKEN

Haben Sie auch schon einmal ein Buch oder einen Artikel gelesen und konnten sich hinterher an keine Details erinnern? Wenn Sie sich mehr von dem Gelesenen merken wollen, lesen Sie nicht einfach los. Versetzen Sie Ihr Gehirn in den richtigen Zustand und helfen Sie ihm, den Sinn auszumachen.

»Ich bin kein schneller Leser. Ich bin ein schneller Versteher.«

Isaac Asimov, Autor

5 SCHRITTE ZU BESSEREM LESEVERSTEHEN

Dieses Modell aus fünf Schritten ist einfach und hilft Ihnen, sich mehr von dem Gelesenen zu merken. Und Sie brauchen nicht viel mehr Zeit als beim einfachen »nur so«-Lesen:

Schritt 1 – Überfliegen

Bevor Sie zu lesen beginnen, überfliegen Sie das Dokument. Finden Sie heraus, wie lang es ist und wie die Informationen dargeboten werden. Damit bekommen Sie einen Überblick, wie lange das Lesen wohl dauern wird, und können sich konzentrieren.

Schritt 2 – Fragen

Fragen Sie sich selbst: »Was weißt du bereits darüber? Was erhoffst du dir von dem Text?« Das hilft, einen Kontext zu setzen und den Sinn zu finden. Denn Sie lernen ja Neues, indem Sie es mit vorhandenen Informationen in Verbindung bringen.

Schritt 3 – Lesen

Lesen Sie jetzt das Dokument. Wenn Sie nach jedem Abschnitt kurz innehalten, merken Sie sich noch mehr.

Schritt 4 – Fragen

Legen Sie das Dokument beiseite und testen Sie sich. Woran erinnern Sie sich? Wie würden Sie das jemandem anders erklären? Was denken Sie darüber? Sind Sie anderer Meinung? Es ist wichtig zu testen, was Sie sich merken, aber durch diese Fragen fällt auch die Sinnsuche leichter.

Schritt 5 – Überfliegen

Noch einmal überfliegen. Wenn Sie die ersten vier Schritte ausgeführt haben, wissen Sie bereits, was Ihnen wichtig ist. Wenn sich in Schritt 4 Dinge ergeben haben, die Sie sich nicht merken konnten, aber eigentlich wollten, hilft das letzte Überfliegen, die Lücken zu füllen.

ÜBUNG: LESEVERSTEHEN

Üben Sie jetzt. Was sagt jeder Schritt aus und was passiert dabei mit Ihrem Gehirn?

GEDÄCHTNIS VERBESSERN: ALLES ZUSAMMEN

Ein Informationsüberfluss gepaart mit einem Aufmerksamkeitsdefizit heißt, Sie müssen sich merken, dass Sie sich mehr merken müssen. Ihr Gedächtnis ist ein Muskel: Trainieren Sie ihn und üben Sie. Sie werden beeindruckt sein, wie schnell er stärker wird. Kultivieren Sie Ihr Gedächtnis.

GEDÄCHTNIS VERBESSERN: CHECKLISTE

1. Was sind die drei Stufen des Merkprozesses?
2. Wie verbessern Sie Ihr Gedächtnis am besten?
3. Welche sind die 15 Punkte in Ihrem Gedächtnispalast?
4. Welche sind die 15 Einträge auf der Liste?
5. Wie können Sie sich Namen in Zukunft besser merken?
6. Welche fünf Schritte führen zu besserem Leseverstehen und was passiert in jedem Schritt?

Was werden Sie ab jetzt ändern? Notieren Sie!

TEIL FÜNF

MEDITATION

Wahrscheinlich ist Ihnen aufgefallen, dass die Meditation in letzter Zeit an Popularität gewonnen hat, vor allem die Achtsamkeit. Führungskräfte nutzen sie, um besser den Fokus zu halten, Studierende bewältigen damit den Prüfungsstress und Sportler bereiten sich so auf die entscheidende Phase im Wettkampf vor.

Meditation wird immer wieder missverstanden und ihr wird mit großer Skepsis begegnet. Die verwendeten Begriffe sind doppeldeutig und werden oft nicht sehr hilfreich kommuniziert. Als ich meine erste Einführung in Meditation bekam, lehnte ich sie ab, weil ich dachte, ich brauche sie nicht. Ich fühlte mich nicht gestresst, ich dachte, ich bräuchte keine Anleitung zu irgendwas, und ich hatte Besseres zu tun, als mit gekreuzten Beinen in der Gegend zu sitzen.

All das änderte sich, als ich durch meine Erfahrungen mit Hypnose und mein Verständnis für die Neurowissenschaft begann, Meditation aus physiologischer und kognitiver Perspektive zu betrachten und nicht mehr aus spiritueller. Inzwischen meditiere ich regelmäßig, um mich besser konzentrieren und meinen Geist steuern zu können. Und ich halte sie für das beste Hirntraining überhaupt.

Ich will versuchen, die Meditation auf zugänglichere und nützlichere Weise zu beschreiben. Vielleicht kann ich Sie so ermutigen, auch einmal zu probieren, wie sich das anfühlt.

ARTEN VON MEDITATION

Zwar ist sie von einem Hauch Mystik umgeben, dennoch ist Meditation im Grunde nichts weiter als eine Kombination aus zwei bekannten Zuständen:

MEDITATION

Meditation ist mehr als einfache Entspannung, sie schließt auch den gerichteten und beabsichtigten Einsatz der Aufmerksamkeit mit ein. Sie ist ebenso eine Übung im Fokushalten und reduziertem Abschweifen. Hier haben wir es mit zwei Arten von Meditation zu tun: *Achtsamkeit* und *fokussierte Meditation.*

ACHTSAMKEIT UND FOKUSSIERTE MEDITATION

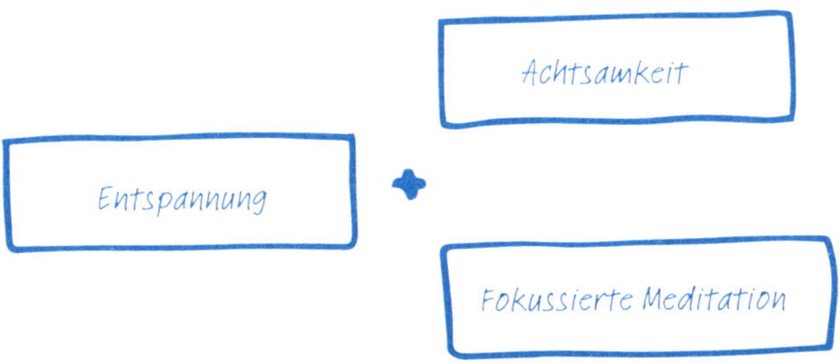

ACHTSAMKEIT LÄSST SICH BESCHREIBEN ALS:

- Aufmerksamkeit auf den aktuellen Moment richten, während man in Ruhe eigene Gedanken, Gefühle und Empfindungen anerkennt und akzeptiert.

Achtsamkeit wird auch als »offenes Beobachten« bezeichnet. Man übt dabei, seine Aufmerksamkeit ohne Wertung auf den aktuellen Moment zu lenken. Sie werden nicht abgelenkt und erkennen Ihre Wahrnehmungen an und akzeptieren sie.

FOKUSSIERTE MEDITATION LÄSST SICH BESCHREIBEN ALS:

- Konzentration auf nur eine Sache, zum Beispiel die Atmung, und den Fokus auf dieser einen mentalen Aktivität halten.

Fokussierte Meditation ist ein Übung, bei der die gesamte Aufmerksamkeit nur einer Sache gewidmet wird. Fokussierte Meditation fühlt sich physisch ähnlich wie Achtsamkeit an, die Aufmerksamkeit wird jedoch gänzlich anders genutzt.

Eine Analogie: Stellen Sie sich vor, Sie betreten eine Bibliothek:

- Achtsamkeit ließe sich als eine Übung beschreiben, bei der man alle Bücher in der Bibliothek, den Raum, die Temperatur, den Geruch und die Geräusche wahrnimmt. Sie lassen sich nicht von einem einzelnen Buch ablenken und erkennen an, was Sie wahrnehmen, und akzeptieren Ihre Gefühle.

- Fokussierte Meditation hingegen wäre eine Übung, bei der Sie ein bestimmtes Buch in die Hand nehmen und beginnen zu lesen. Sie vertiefen sich in diese Aktivität und Ihr Geist wird frei von jeder Ablenkung, Sie geraten in einen Zustand fokussierter Absorption.

Keine der beiden Formen sind Übungen, bei denen der Geist entleert wird. Sie müssen nicht besonders sitzen oder bestimmte Kleidung tragen. Es muss sich um kein spirituelles Ritual handeln und Sie müssen sich auch keine Mühe geben, sich an den Vorteilen zu erfreuen.

Wenn Sie bisher keine Erfahrungen mit Achtsamkeit oder fokussierter Meditation hatten, seien Sie versichert, beide lassen sich relativ leicht praktizieren.

ACHTSAMKEITSTECHNIK

Wenn Sie zum ersten Mal Achtsamkeit demonstrieren, fangen Sie klein und nur für ein paar Minuten an. Verstricken Sie sich nicht in die Frage, ob Sie es »richtig« machen. Auch wenn Sie nur ein paar Minuten lang den Augenblick wahrnehmen, kann sich das positiv auswirken.

Ich würde empfehlen, mit einer progressiven Entspannungsübung zu beginnen, wie auf Seite 9 beschrieben. Viele würden das nicht voraussetzen, aber es ist ein guter Anfang, denn der Körper entspannt sich und der Geist wird ruhiger. So können Sie sich besser konzentrieren.

ÜBUNG: AUDIO-ACHTSAMKEIT

1. Entspannen Sie Ihren Körper für ein paar Minuten, schließen Sie die Augen.
2. Achten Sie genau auf alles, was Sie hören.
3. Nehmen Sie alle Töne in Ihrer Umgebung wahr.
4. Es ist okay, wenn Ihr Geist abschweift, holen Sie ihn einfach zurück und konzentrieren Sie sich aufs Hören.
5. Machen Sie diese Übung ca. fünf bis zehn Minuten lang, auch länger. Wenn Sie sie beenden wollen, öffnen Sie die Augen, wenn Sie so weit sind.

ÜBUNG: ACHTSAMKEITS-MEDITATION. PROBIEREN SIE ES JETZT:

1. Entspannen Sie Ihren Körper ein paar Minuten und schließen Sie die Augen.
2. Nehmen Sie Ihren physischen Zustand und Ihren Körper wahr. Achten Sie auf Ihre Atmung, das Heben und Senken des Zwerchfells. Achten Sie auf den Boden unter Ihnen und auf andere physische Wahrnehmungen wie die Kleidung auf Ihrer Haut.
3. Nehmen Sie alle Töne in Ihrer Umgebung wahr. Versuchen Sie nicht zuzuhören, nehmen Sie sie nur wahr.
4. Achten Sie darauf, wie Sie sich fühlen. Versuchen Sie nicht, etwas zu ändern, nehmen Sie alles in Ruhe wahr und akzeptieren Sie es.
5. Wenn Ihr Geist wandert, ist das okay. Wenn Sie abgeschweift sind, lenken Sie die Aufmerksamkeit zurück auf Ihren Körper und Ihre Atmung.
6. Denken Sie nicht an die »Reinigung« Ihres Geistes, nehmen Sie einfach alles auf.
7. Probieren Sie, diese Übung für fünf bis zehn Minuten durchzuhalten oder länger.

Eine Audio-Anleitung in englischer Sprache finden Sie unter: www.brainworkshops.co.uk/brainbook

FOKUSSIERTE MEDITATION

Bei der fokussierten Meditation konzentrieren Sie sich auf eine kleine Sache. Für diese Übung verwenden wir unsere Atmung. Wieder würde ich empfehlen, mit einer progressiven Entspannungstechnik zu beginnen, um sich besser konzentrieren zu können.

ÜBUNG: FOKUSSIERTE MEDITATION. PROBIEREN SIE ES JETZT AUS.

1. Entspannen Sie Ihren Körper und schließen Sie die Augen.
2. Konzentrieren Sie sich auf Ihre Atmung. Konzentrieren Sie sich nur auf das Heben und Senken Ihres Brustkorbes, während die Luft ein- und wieder ausströmt.
3. Sie bestimmen das Timing. Beginnen Sie, Ihre Atemzüge zu zählen. Zählen Sie nur beim Ausatmen, von 1 bis 21. Wenn Sie bei 21 angekommen sind, beginnen Sie erneut. Zählen Sie weiter in Zyklen zu je 21. Konzentrieren Sie sich weiter auf Ihre Atmung.
4. Wenn Ihre Gedanken abschweifen, ist das okay. Konzentrieren Sie sich einfach wieder auf Ihre Atmung und zählen Sie.
5. Versuchen Sie, wenigstens einen Zyklus zu schaffen, ohne zwischendurch abzuschweifen.
6. Wenn Sie die Übung beenden wollen, öffnen Sie einfach wieder die Augen.

VORTEILE DER MEDITATION

Was ist Ihnen an den verschiedenen Arten der Meditation aufgefallen? Ist Ihnen eine schwerer gefallen? Welche gefällt Ihnen besser? Ich finde, sie bieten unterschiedliche Vorteile. Durch Achtsamkeit werde ich wacher und präsenter und ich finde sie beruhigend. Die Übung in Audio-Achtsamkeit versetzt mich manchmal in einen Zustand, den ich nur mit den Erfahrungen bei tiefster Hypnose vergleichen kann.

Für mich ist die fokussierte Meditation eher eine Art Training, als ginge ich ins Hirn-Fitnessstudio. Durch dieses Training habe ich das Gefühl, ich kann mich besser konzentrieren und den Fokus halten. Natürlich ist das alles sehr subjektiv, darum möchte ich kurz auf die messbaren Vorteile der Meditation eingehen. Sie erinnern sich, Ihr Nervensystem kann in drei Teilen beschrieben werden – Ihre Physiologie, Ihre Emotionen und Ihre Gedanken. Die Meditation ist für alle drei förderlich.

Physiologische Vorteile

- Meditation hilft Ihnen, Ihre körperliche Gesundheit und Ihr Immunsystem zu stärken. Eine Studie im *Journal of Psychosomatic Medicine* berichtete von gesundheitsfördernden Effekten durch Meditation nach einem achtwöchigen Trainingsprogramm.[52] Eine weitere Studie stellte fest, dass Menschen nach nur sechs Meditationssitzungen weniger unter Schlafstörungen und Ermüdung leiden.[53] Das lässt sich vor allem durch die entspannende Komponente der Meditation erklären.

Emotionale Vorteile

- Meditation hilft Ihnen, Ihre Emotionen zu steuern und das Gefühl von mehr Kontrolle zu haben. Neurowissenschaftler an der Stanford University haben herausgefunden, dass Menschen schon nach acht Wochen Meditation die Reaktivität der Amygdala reduzieren konnten, dem Teil des Gehirns, der an der Furchtkonditionierung beteiligt ist.[54] Andere Wissenschaftler fanden heraus, dass Meditation zur Vergrößerung des temporoparietalen Übergangskortex führt.[55] Dieser wird mit Empathie, Perspektive und Leidenschaft in Verbindung gebracht. Mediation kann Sie also auch zu einem netteren Menschen machen.

Kognitive Vorteile

- Meditation stärkt Ihre Aufmerksamkeit wie einen Muskel. Forscher der John Moores University Liverpool fanden heraus, dass Personen, die regelmäßig meditieren, deutlich besser auf alle Aufmerksamkeitserreger reagierten.[56] Meditation hat sich sogar als stärkend erwiesen für gewisse Bereiche des Gehirns, die mit Aufmerksamkeit in Verbindung gebracht werden.[57]

Es ist schon erstaunlich, dass eine scheinbar so einfache Aktivität so viele und verschiedenartige Vorteile mit sich bringen kann. Und Sie wissen nun, wie es geht ...

MEDITATION: ZUSAMMENFASSUNG

Ich habe Ihnen sowohl Achtsamkeit als auch Meditation in Übungen gezeigt, die Sie so leicht in Ihr tägliches Gesundheitsregime einbinden können wie das Zähneputzen. Je mehr Sie Übungen wie diese ausführen, desto mehr stärken Sie Ihre Aufmerksamkeit.

Ich möchte Sie ermutigen, diese Übungen als *Verhaltensweisen* zu kultivieren. Praktizieren Sie nicht nur Achtsamkeit, werden Sie achtsamer. Nehmen Sie den Gesang der Vögel wahr und spüren Sie die Luft auf Ihrer Haut, wenn Sie spazieren gehen, ebenso den Geruch und Geschmack Ihres Kaffees in der Pause. Seien Sie achtsamer und weniger abgelenkt, das muss nicht am Ende einer Übung aufhören.

MEDITATION: CHECKLISTE

1. Welche sind die beiden Komponenten der Meditation?
2. Was gehört zur Achtsamkeits-Übung?
3. Was gehört zur Übung Fokussierte Meditation?
4. Welche Vorteile bietet die Meditation?

Was werden Sie von an jetzt ändern? Notieren Sie!

TEIL SECHS

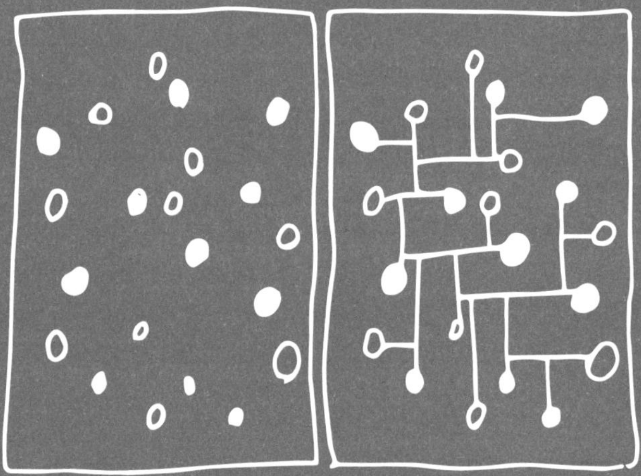

DAS GEHIRN PROGRAMMIEREN

DIE MACHT DES GEISTES

Vermutlich wissen Sie bereits, dass wir nur 10% unseres Gehirns einsetzen. Eine erstaunliche Statistik. Wenn wirklich 90% ungenutzt blieben, hätte die Natur für die ungenutzten Zellen und den Platz bestimmt eine bessere Verwendung gefunden. Sie nutzen nämlich Ihr gesamtes Gehirn, aber angesichts der unglaublich großen Kapazitäten ist es wohl fair zu sagen, dass Sie nicht mal in die Nähe Ihres vollen Potenzials gelangen. Unser Gehirn ist zu Dingen in der Lage, die wir einfach nicht erklären können.

Zweifellos kennen Sie auch den Placebo-Effekt und wie Ihr Geist helfen kann, den Körper zu heilen. Ihr Geist kann weitaus mehr, als nur Ihr Immunsystem zu beeinflussen, und die Harvard-Professorin Ellen Langer hat einige äußerst faszinierende Studien über diese großteilig ungenutzte Ressource durchgeführt.

In einem Experiment nahm sie Männer im Alter von 70 bis 90 Jahren für eine Woche mit ins Kloster. Hier waren sie von Erinnerungsstücken von Mitte des 20. Jahrhunderts umgeben, alten Fotos, Zeitungen und einem alten Radio. Sie sollten sich verhalten, als wären sie wieder jung, also verbrachten sie die meiste Zeit damit, sich über sich selbst als junge Menschen und über jene Zeit zu unterhalten.

Nach nur einer Woche waren die Männer stärker und physisch wendiger. Bei manchen hatte sich die Sehstärke verbessert, die kognitiven Leistungen und das Gedächtnis. Sie wurden wieder jünger.[58]

In eine anderen Studie teilte Langer eine Gruppe von Zimmermädchen in zwei Gruppen auf. Einer Gruppe wurde mitgeteilt, das Pensum ihrer täglichen Aktivitäten entspräche einem »aktiven Lebensstil«, der zweiten Gruppe wurde nichts gesagt. Einen Monat später war bei der ersten Gruppe ein deutlich geringeres Taille-Hüfte-Verhältnis und ein um 10% niedrigerer Blutdruck zu verzeichnen.[59]

Diese Studien sind so provokant, weil sie deutlich machen, wie sehr unser Geist unseren Körper und unsere Erfahrungen beeinflussen kann. In diesem Teil des Buches untersuchen wir, wie Sie diese immense Ressource steuern können. Wir betrachten, wie Sie Ihre Aufmerksamkeit lenken und wie Sie mentale Übungen einsetzen, um Ihre Leistungen und Fähigkeiten zu verbessern und Ihre emotionalen Reaktionen besser zu steuern.

DIE AUFMERKSAMKEIT LENKEN

Hier zwei einfache Möglichkeiten, um zu lenken, welche Realität Ihr Hirn erzeugt:

Seien Sie dankbar. Verbringen Sie Zeit damit, zu überlegen, was Sie glücklich macht und wofür Sie dankbar sind, das kann sehr wertvoll sein. Regelmäßig ausgedrückte Dankbarkeit kann Ihre Ängste reduzieren und für besseres physisches, emotionales und mentales Wohlbefinden sorgen.[60] Seien Sie nicht zu zielorientiert und vergessen Sie nicht, sich an der Gegenwart zu freuen. »Alles ist okay, wenn ...« setzt Ihr Leben auf »Halten«. Es verhindert, dass Sie das Einzige bewundern, was Sie jemals in Gänze erleben werden: das Jetzt. Denken Sie fünf Minuten darüber nach, wofür Sie dankbar sind.

Hinterfragen Sie negative oder einschränkende Gedanken. Als Psychotherapeut habe ich erlebt, wie negative Selbstgespräche ein Leben völlig zerstören können. Diese »befangene Selbstzustimmung« bedeutet: Wenn Sie ein negatives Selbstbild haben, finden Sie sicher Beweise dafür. Aber wenn Sie sich positiv sehen, finden Sie auch dafür Bestätigung.

Ebenso wie Ihre Aufmerksamkeit Ihre Erfahrungen beeinflusst, beeinflussen Ihre Gedanken Ihre Wahrnehmung; wie Sie also mit sich selbst sprechen, wirkt sich direkt auf Ihre Erfahrungen aus. Wie Henry Ford es formulierte: »Ob Sie glauben, Sie schaffen es, oder glauben, Sie schaffen es nicht - Sie haben immer recht.«

IHRE FANTASIE NUTZEN

Eine wirksamere Methode, Ihr Gehirn zu beeinflussen, ist, Ihre Fantasie zu nutzen – aktiv und bewusst. Sportler nutzen Mentaltraining, um ihre Leistung zu verbessern, und jede Menge Studien beweisen, dass da etwas dran ist. Zum Beispiel haben Forscher der Bishop's University in Quebec herausgefunden, dass Sportler allein durch ihre Fantasie ihre Muskelkraft um 24% stärken konnten.[61]

Um herauszufinden, wie mentale Bilder das Hirn beeinflussen, betrachtete der Harvard-Neurologe Alvaro Pascual-Leone die Gehirne von Personen, die Klavier lernten. Er bat eine Gruppe, ein Stück fünf Tage lang zu üben, die andere, sich die Übung nur vorzustellen. Bei beiden Gruppen fanden ähnliche Veränderungen im Gehirn statt, und zwar im Motor-Cortex, der auf die physischen Bewegungen beim Üben reagiert.[62]

Wir nutzen dieselben neuronalen Signale, um eine Aktion durchzuführen und um sie uns vorzustellen. Unser Hirn und unser Körper reagieren auf unsere Vorstellungskraft, als wäre sie real. Sie können mentale Übungen einsetzen, um sich schnell Fähigkeiten anzueignen, Ihr Verhalten zu verbessern, Ihre Gewohnheiten zu ändern und emotionale Reaktionen zu regulieren.

Damit eine mentale Übung möglichst große Auswirkungen hat, müssen Sie zuerst für einen Lernzustand aus Entspannung und mentaler Absorption sorgen. Diesen Zustand bezeichnen manche als »Selbsthypnose«.

SELBSTHYPNOSE

Nein, Sie müssen dazu nicht merkwürdig durch die Gegend tanzen.

Die meisten, mit denen ich mich unterhalten habe, sind sich bei Hypnose unsicher. Die Vorstellung, die Kontrolle aufzugeben, und die Geschichten von Bühnenshows mit Hypnose sorgen für Skepsis. Aber Hypnose ist eine viel gewöhnlichere Erfahrung, als Sie denken.

Haben Sie sich schon einmal in ein gutes Buch vertieft, sind irgendwo hingefahren, ohne sich an die Reise erinnern zu können, oder sind wie aus einer »Trance« erwacht, als der Abspann eines Films lief? Dann haben Sie einen hypnotischen Zustand erlebt. Hypnose ist lediglich das natürliche Ergebnis einer anhaltenden Aufmerksamkeit, häufig begleitet von körperlicher Entspannung.

Wie unterscheidet sich Selbsthypnose von Meditation?

Der Unterschied liegt darin, wie Selbsthypnose verwendet wird. Meditation und Achtsamkeit sind Übungen in Entspannung und fokussierter Aufmerksamkeit. Ihre Vorteile liegen in den natürlichen Folgen dieser Verhaltensweisen: verbesserte physiologische und emotionale Regulierung und verbesserter Fokus.

Selbsthypnose geht einen Schritt weiter. Sie nutzt diesen Zustand der Entspannung und fokussierten Aufmerksamkeit, um *schneller zu lernen*. Einfacher formuliert: Wenn Sie bei einer Übung in fokussierter Aufmerksamkeit im meditativen Zustand mentale Übungen durchführen, sind Sie bei Selbsthypnose angelangt.

Sie brauchen niemanden, der Sie hypnotisiert, Sie verlieren weder die Kontrolle noch das Bewusstsein, und die Selbsthypnose öffnet auch nicht die Büchse der Pandora mit unterdrückten Traumata. Sie ist lediglich ein Zustand der Aufnahme, der Ihnen helfen kann, Ihre Hirnaktivität zu steuern.

ÜBUNG: SELBSTHYPNOSE

1. Schließen Sie die Augen und betreiben Sie progressive Muskelentspannung (siehe Seite 9).
2. Stellen Sie sich vor, Sie stehen oben an einer Treppe, von wo zehn Stufen nach unten führen. Bilder wie dieses helfen Ihnen, sich zu fokussieren und Ihre Fantasie anzuregen.
3. Achten Sie auf die Details der Treppe und setzen Sie alle Sinne ein.
4. Nehmen Sie sich so viel Zeit, wie Sie wollen, gehen Sie die Treppe schrittweise hinunter. Halten Sie beim Ausatmen inne, zählen Sie die Stufen von zehn rückwärts. So können Sie noch besser entspannen.
5. Wenn Sie unten angekommen sind, ist Ihr Geist ruhig und klar und im aufnahmefähigsten Zustand für mentale Übungen.
6. Führen Sie Ihre Übung jetzt so durch, wie es auf den folgenden Seiten beschrieben ist.

Eine Audioanleitung in englischer Sprache finden Sie unter: www.brainworkshops.co.uk/brainbook

LEISTUNG VERBESSERN

Um ein Verhalten oder eine Fähigkeit zu verbessern, versetzen Sie sich in Selbsthypnose und proben Sie bis zur Perfektion. Um für eine Rede oder eine Präsentation zu proben, üben Sie zuerst, wie Sie sich vor der eigentlichen Vorstellung fühlen möchten: selbstbewusst, ruhig, vorbereitet. Dann stellen Sie sich selbst am Tag der Vorstellung vor. Üben Sie die ideale Vorstellung: wie Sie sich fühlen, was Sie sagen, wie Sie ankommen.

Ich nutze diese Technik, um für große Trainingsprogramme zu proben, und sie hat meinen Kunden geholfen, ihre Leistungen bei Arbeit und Sport zu verbessern, ebenso bei Präsentationen und Bewerbungsgesprächen, bei Marathonläufen und Boxkämpfen. Es ist, als würden Ihnen mentale Übungen zu gewünschtem Verhalten verhelfen und Sie unterstützen, Ihr Gehirn damit zu programmieren.

ÜBUNG: LEISTUNG VERBESSERN

1. Gehen Sie in Selbsthypnose oder entspannen Sie sich, schließen Sie die Augen.
2. Üben Sie, wie Sie sich fühlen wollen.
3. Üben Sie Ihr gewünschtes Verhalten, eine Leistung oder eine Fertigkeit. Versetzen Sie sich in das Ereignis der Zukunft und stellen Sie sich eine perfekte Leistung vor.
4. Üben Sie bis zum Ende und nach eigenem Zeitempfinden, öffnen Sie dann die Augen.
5. Wiederholen Sie das dreimal.

Damit mentale Übungen besonders effektiv sind, nutzen Sie die Ich-Perspektive. Stellen Sie sich die Aktivität so vor, als wären Sie direkt dabei; denken Sie in virtueller Realität. Der Gegensatz dazu hieße die Zuschauer-Perspektive, Sie würden sich bei Ihrer Vorstellung beobachten. Mentale Übungen sind aus der Ich-Perspektive am effektivsten, denn sie helfen, das Verhalten bzw. die Fähigkeit zu verinnerlichen.

Nutzen Sie alle Ihre Sinne. Auch wenn sie synonym mit »Visualisierung« verwendet werden, funktionieren mentale Übungen besser, wenn alle Sinne beteiligt sind. Aktivieren Sie so viel von Ihrem Gehirn wie möglich.

NUTZEN SIE ALLE SINNE

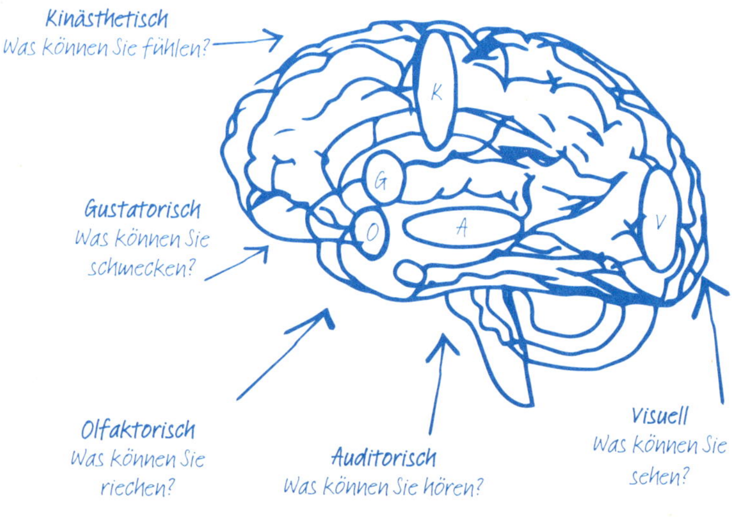

EMOTIONEN STEUERN

Um Ängste zu unterbinden, fügen Sie Tiefenentspannung zu Ihren Übungen hinzu.

Ähnlich einer Übung für ein Verhalten können Sie auch die emotionalen Reaktionen üben. Mit mentalen Übungen können Sie einen positiven Grundzustand »programmieren« (Ruhe, Entspannung), der bei bestimmten Ereignissen oder Situationen ausgelöst wird, die Ihnen ansonsten Stress bereiten. Das kann besonders dann helfen, wenn Sie Ängste unterbinden oder kontrollieren wollen.

ÜBUNG: MENTALCHECK GEGEN ÄNGSTE

1. Gehen Sie in Selbsthypnose oder entspannen Sie sich und schließen Sie die Augen.
2. Schaffen Sie Ihren »Grundzustand« (Entspannung). Nutzen Sie Ihre Vorstellungskraft und erinnern Sie sich. Je mehr Sie Ihre Angstreaktion reduzieren wollen, desto entspannter müssen Sie jetzt sein.
3. Sie sind noch immer im Grundzustand, stellen Sie sich jetzt die Situation in der Zukunft vor, in der Sie gern ruhig bleiben wollen. So assoziieren Sie Ihren Entspannungszustand mit der zukünftigen Situation.
4. Üben Sie die Erfahrung bis zum Schluss und nach eigenem Zeitempfinden, öffnen Sie dann die Augen.
5. Wiederholen Sie das dreimal.

Wenn Sie zum Beispiel Angst vorm Fliegen haben oder vor einer Prüfung, können Sie diese Technik einsetzen. Stellen Sie zuerst den Entspannungszustand her. Geben Sie Ihrem Körper Zeit, sich zu entspannen und aus der Erinnerung an die Entspannung zu zehren. Behalten Sie den Entspannungszustand bei, stellen Sie sich dann die entsprechenden Schritte in Zukunft vor. Beim Fliegen stellen Sie sich vor, wie Sie zum Flughafen fahren, die Sicherheitschecks durchqueren, ins Flugzeug einsteigen, Turbulenzen erleben und am Ziel ankommen.

Ihr System wird den aktuellen Zustand der Entspannung mit allen Punkten auf der vorgestellten Reise paaren und so den Entspannungszustand für jeden Punkt Ihres Weges konditionieren. Diese Technik hat meinen Kunden geholfen, Phobien loszuwerden und extremes Lampenfieber zu bewältigen, denn sie konnten ihre emotionalen Reaktionen kontrollieren.

»Du hast die Macht über deinen Geist – nicht über Geschehnisse außerhalb. Erkenne das, und du wirst Stärke finden.«

Mark Aurel, Römischer Kaiser 161 – 180

GEHIRN PROGRAMMIEREN: ALLES ZUSAMMEN

Sie wissen, wie Sie sich selbst hypnotisieren, und Sie kennen die besten Möglichkeiten, um Ihren Geist mittels mentaler Übung zu programmieren und besser zu werden. Wo Sie diese Techniken anwenden, bleibt Ihrer Fantasie überlassen.

IHR GEHIRN PROGRAMMIEREN: CHECKLISTE

1. Was sind zwei einfache Wege, um die Aufmerksamkeit zu lenken?
2. Wie würden Sie einen Zustand der Selbsthypnose herstellen und wofür könnten Sie ihn nutzen?
3. Wie würden Sie mentale Übungen nutzen, um Ihre Leistung zu verbessern?
4. Was sollten Sie bei effektiven mentalen Übungen bedenken?
5. Wie setzen Sie mentale Übungen ein, um Ihre Emotionen zu steuern oder Ängste zu bewältigen?

Was werden Sie von jetzt an ändern? Notieren Sie!

FAZIT

Ich hoffe, dieses Buch hat sich für Sie gelohnt, hat Sie zum Nachdenken angeregt und vielleicht auch dazu, Dinge zu ändern; kleine Veränderungen können ein großer Gewinn sein. Ihr Gehirn kennenzulernen gehört zu den unterhaltsamsten Bildungsreisen. Wenden Sie das Gelernte an und machen Sie es zu einem Teil von sich.

Smarter Denken und Arbeiten wirft eine Frage auf. Erhöhen Sie Ihre Leistung oder haben Sie mehr Freizeit? Nehmen Sie die Freizeit. Tun Sie mehr, was Ihnen Spaß macht, und geben Sie diesen Dingen ebenso viel Priorität wie Ihrer Arbeit. Machen Sie im Sommer eher Schluss und gehen Sie raus. Verbringen Sie mehr Zeit mit Freunden, Ihrem Partner, Ihren Kindern; hören Sie Musik, lesen Sie, tun Sie aufregende Dinge. Machen Sie öfter Urlaub. Nehmen Sie sich Zeit für sich, platzieren Sie die Arbeit darum herum – nicht umgekehrt.

Nun also:

Nehmen Sie sich fünf Minuten und reflektieren Sie, was Sie in jedem Abschnitt des Buches gelernt haben bzw. was Sie jetzt anders machen.

Setzen Sie die Änderungen sofort um.

Lesen Sie das Buch in drei Monaten noch einmal und werten Sie aus, wie Sie vorankommen. Ändern Sie die Dinge, die nicht funktionieren, und bauen Sie die anderen aus.

ANTWORTEN

1.	Manieren - rund - Tennis	(TISCH)
2.	Schmerz - Bedeckung - Zeile	(KOPF)
3.	Fall - Film - Mineral	(WASSER)
4.	Laden - Frucht - Orangen	(SAFT)
5.	grün - Mus - Korn	(APFEL)
6.	Fass - Rebe - selig	(WEIN)
7.	zerbrochen - klar - Auge	(GLAS)
8.	Münze - Tafel - Löffel	(SILBER)
9.	Chips - Salat - Ofen	(KARTOFFEL)
10.	Computer - Laden - putzen	(FENSTER)

DAS BUCH DES DENKENS: ZUSAMMENFASSUNG

Bessere Hirn-Fitness

- Die fünf Faktoren, die hier zu beachten sind, sind Stress, Sport, Ernährung, Schlaf und Erfahrung.
- Stress: Regulieren Sie Ihr Nervensystem.
- Sport: Bewegen Sie sich, um mehr zu leisten.
- Ernährung: Stärken Sie Ihr Gehirn mit den richtigen Nährstoffen.
- Schlaf: Sie brauchen sieben bis neun Stunden.
- Erfahrung: Lernen Sie ständig Neues.

Bessere Produktivität

- Um smarter zu arbeiten, müssen Sie wissen, was Sie wollen.
- Wenden Sie das 80/20-Prinzip an.
- Erledigen Sie die wertvollsten Aufgaben bei höchster Energie.
- Machen Sie mehr Pausen und nutzen Sie Termine zu Ihrem Vorteil.
- Konzentrieren Sie sich auf eine Sache und vermeiden Sie Ablenkungen.
- Hinterfragen Sie Ihre E-Mail- und Technik-Gewohnheiten.
- Nutzen Sie Brain-Dumps, um einen klaren Kopf zu behalten.

Bessere Kreativität

- Betrachten Sie Kreativität als Prozess und entwickeln Sie jeden Schritt.
- Wagen Sie mehr Experimente.

- Geben Sie den Ideen Zeit, sich zu entwickeln.
- Fragen Sie mehr und hinterfragen Sie Ihre Annahmen.
- Nutzen Sie divergentes Denken, um mehr Ideen zu generieren.
- Wechseln Sie für Aha-Erlebnisse in den Alpha-Zustand.

Gedächtnis verbessern

- Merken ist ein Prozess: codieren, speichern, abrufen.
- Um besser zu codieren, passen Sie besser auf.
- Um besser zu speichern, wiederholen Sie, knüpfen Sie Verbindungen und visualisieren Sie.
- Nutzen Sie den Gedächtnispalast für Merklisten.
- Merken Sie sich Namen mit Wiederholung und Bildern.
- Fünf Schritte zum besseren Leseverständnis.

Meditation

- Meditation ist Entspannung und fokussierte Aufmerksamkeit.
- Achtsamkeit ist Aufmerksamkeit ohne Wertung.
- Achtsamkeit hilft, die Emotionen zu regulieren.
- Bei der fokussierten Meditation konzentrieren Sie sich auf eine Sache.
- Sie hilft, Ihre Aufmerksamkeit zu stärken.

Das Gehirn programmieren

- Üben Sie Dankbarkeit und hinterfragen Sie limitierendes Denken.
- Nutzen Sie mentale Übungen, um Ihre Leistung zu steigern.
- Nutzen Sie mentale Übungen, um Ihre Emotionen zu steuern.
- Nutzen Sie alle Sinne.
- Selbsthypnose macht mentale Übungen besonders effizient.

BRAIN TECH ZUKUNFT

»Die Zukunft ist bereits hier – sie ist nur ungleichmäßig verteilt.«
(William Gibson, Schriftsteller und Essayist)

TRANSKRANIELLE GLEICHSTROMSTIMULATION

Die tDCS ist eine Form der Neurostimulation, bei der ein konstanter geringer Strom über Elektroden auf dem Kopf an einen bestimmten Bereich des Hirns angelegt wird. Forscher der HRL Laboratories haben festgestellt, dass sich die Fähigkeiten neuer Piloten verbessern lassen, wenn man die Hirnaktivität erfahrener Berufs- und Militärpiloten per Gleichstromsimulation auf sie überträgt.[63] Die Konsequenzen solcher »Hacks« von Verhalten und kognitiven Fähigkeiten sind enorm. Vielleicht werden wir bald in der Lage sein, unser Gehirn in einen Hochleistungszustand zu katapultieren.

BINAURALE BEATS

Sie erinnern sich, verschiedene Zustände unseres Hirns entsprechen unterschiedlichen Hirnwellen-Frequenzen. Bei binauralen Beat-Frequenzen werden Ihrem Hirn niedrige Audio-Frequenzen vorgespielt, um es zu einem Zustandswechsel anzuregen. Da das Hirn nur Frequenzen über 20 Hz aufnehmen kann, werden bei binauralen Beats Kopfhörer eingesetzt, damit die niedrigen Frequenzen wahrgenommen werden können, um das Gehirn quasi auszutricksen. Die Theorie dahinter ist folgende: Werden dem Gehirn Wellen von 8 –12 Hz vorgespielt, synchronisiert es sich darauf, um in den »Alpha-Zustand« einzutreten.

NEUROFEEDBACK

Neurofeedback liefert mithilfe von EEG ein Echtzeit-Feedback über Ihre Hirnleistung. Die Technologie wird weiterentwickelt und die Geräte werden preiswerter, kleiner und weiter verbreitet, darum wird es nicht mehr lange dauern, bis Sie diese Technologie auch zu Hause einsetzen können. Damit können Sie die Selbstregulierung des Hirns trainieren und schließlich Ihre mentale Leistungsfähigkeit verbessern.

WEARABLES

Es wird nicht mehr lange dauern, und Wearables, Computertechnologie, die Sie am Körper tragen, zeichnen mehr auf als nur Ihre Schritte. Hydration, Blutzucker, EEG-Aufzeichnungen und Herzschlag gehören zu den wichtigen Daten, die uns helfen, unsere Energie besser einzuteilen und unseren Lebensstil zu verbessern. Wenn wir diese Geräte bewusst einsetzen und weise mit den für uns wichtigen Daten umgehen, könnte sich das deutlich auf unsere Gesundheit, unser Wohlbefinden und unseren Alltag auswirken.

Uns stehen aufregende Zeiten bevor.

NÜTZLICHE TIPPS

Online-Ressourcen und andere wertvolle Inhalte

BrainWorkshops-Website: www.brainworkshops.co.uk

BrainWorkshops Facebook: www.facebook.com/brainworkshops

BrainWorkshops Twitter: twitter.com/brainworkshops

Apps oder Online-Tools in der Reihenfolge ihrer Erwähnung

HeadSpace: Achtsamkeits-App

SleepCycle alarm clock: Schlaf-App

F.lux: entfernt blaues Licht von Ihrem Handy-Bildschirm

Duolingo, Busuu, Livemocha: Sprachtraining

Codeacademy, Linda, Coursera, Khan Academy, MIT OpenCourseWare, Udemy: Online-Lernangebote

Blinkist: Kurzfassungen von Büchern

Flipboard: Newsfeed wählen

Rescue time: Time-Tracking-Software

LeechBlock: Web-Blocker

Wunderlist, OmniFocus, Reminders, Todoist, Things, GoTasks: Apps zum Task-Management

CalenGoo: App für Google-Kalender

Evernote: Notepad, web- und App-basiert

Leseempfehlungen

The Brain: Die Geschichte von dir, David Eagleman. Pantheon, 2017

Rewire Your Brain: Think Your Way to a Better Life, John B. Arden. Wiley, 2010

Gehirn und Erfolg: 12 Regeln für Schule, Beruf und Alltag, John Medina. Springer Spektrum, 2009

Think Smart: A Neuroscientist's Prescription for Improving Your Brain's Performance, Richard Restak. Ri-vehead Books, 2009

Wie das Gehirn heilt, Norman Diodge. Campus, 2015

Superschlaf, Richard Wiseman. Fischer Taschenbuch, 2015

Superfaktor Bewegung: Das Beste für Ihr Gehirn, John Ratey. VAK, 2013

Die 4-Stunden-Woche: Mehr Zeit, mehr Geld, mehr Leben, Tim Ferriss. Ullstein Taschenbuch, 2015

Wie ich Dinge geregelt kriege, David Allen. Piper Taschenbuch, 2015

Weitere empfohlene Quellen

Tim Ferriss, Podcast und Blog: fourhourworkweek.com

Blog Brain Pickings von Maria Popova: www.brainpickings.org/

DANKSAGUNG

Mum und Dad, für eure Liebe und Unterstützung.

Claire, du machst einen tollen Job.

Judy Goldberg, Faye McLean, Kat Gray, Nina Sjolund, Stacy O'Hagen, Petra Kalynycz, Ali Germain, Louisa Fryer, Kerensa Jennings, Jane Saunders, Imran Rehman, Adam Sprackling, Jake Dubbins, Matt Webster, Chris Ransford, Carlos Mistry, David Sale - weil ihr alle so nett seid.

Niki Mullin, Sara Taheri, Sarah Wild, Caroline Li, Martin Liu und alle bei LID, weil ihr dieses Buch realisiert habt.

Der Midas Verlag bedankt sich für die fachliche Beratung zur deutschen Ausgabe bei Klaus Schellhorn (neuroCare Group, München)

DER AUTOR

Phil Dobson ist Schulungsleiter, Trainer und Gründer von BrainWorkshops. Aus Insider-Wissen aus der Neurowissenschaft und der kognitiven bzw. Verhaltenspsychologie macht er Fähigkeiten und Fertigkeiten für die Arbeitsumgebung. Er arbeitet mit Unternehmen weltweit und hilft deren Führungskräften, besser zu sein.

Für Buchungsanfragen bzgl. Vorträge oder Trainings wenden Sie sich bitte an: phil@brainworkshops.co.uk

Hat Ihnen dieses Buch gefallen?

Sie erhalten diesen Titel bei uns auch in Großmengen oder als Sonderausgabe mit Firmenlogo. Das perfekte Geschenk für Ihre Kunden oder Mitarbeiter. Fragen Sie unseren Vertrieb nach attraktiven Konditionen. Auch inhaltliche Rückmeldungen oder Ergänzungswünsche sind willkommen.

E-Mail an: kontakt@midas.ch

QUELLEN (ORIGINALAUSGABE)

1. Liston, C., McEwen, B. S., and Casey, B. (2009). Psychosocial stress reversibly disrupts prefrontal processing and attentional control. *Proceedings of the National Academy of Sciences of the United States of America* 106(3), 912-917.
2. Ratey, John J, Hagerman E. Spark: The revolutionary new science of exercise and the brain. Little, Brown and Company; 2007.
3. Blondell, SJ, Hammersley-Mather, R, Veerman, J. L. Does physical activity prevent cognitive decline and dementia?: A systematic review and meta-analysis of longitudinal studies. *BMC Public Health* 2014; 14: 510.
4. Sofi, F, Cesari, F, et al. Adherence to Mediterranean diet and health status: meta-analysis. *BMJ* 2008; 337.
5. Scarmeas, N, Stern, Y, et al. Mediterranean Diet, Alzheimer Disease, and Vascular Mediation. *Archives of Neurology* 2006; 63(12): 1709-1717.
6. Adan A. Cognitive performance and dehydration. *Journal of the American College of Nutrition* 2012; 31:71-78.
7. Reger, M, Henderson, S, et al. Effects of ß-hydroxybutyrate on cognition in memory-impaired adults. *Neurobiology of Ageing* 2004; 25(3): 311-314.
8. Weiser, MJ, Butt, CM, Mohajeri, MH. Docosahexaenoic Acid and Cognition throughout the Lifespan. *Nutrients* 2016, 8(2): 99.
9. Engelhart, M, Geerlings, M, et al. Dietary intake of antioxidants and risk of Alzheimer's disease. *The Journal of the American Medical Association* 2002; 287(24): 3223-3229.
10. Presse, N, Shatenstein, B, et al. Low Vitamin K Intakes in Community-Dwelling Elders at an Early Stage of Alzheimer's Disease. *Journal of the American Dietetic Association* 2008; 108(12): 2095-2099.
11. Hasselmo, M. E. The Role of Acetylcholine in Learning and Memory. *Current Opinion in Neurobiology* 2006;16(6), 710-715.
12. Gao, S, Jin, Y, et al. Selenium Level and Cognitive Function in Rural Elderly Chinese. *American Journal of Epidemiology* 2007; 165(8): 955-965.

13. Pan, E, Zhang, X, et al. Vesicular zinc promotes presynaptic and inhibits postsynaptic long term potentiation of mossy fiber-CA3 synapse. *Neuron* 2011; 71(6):1116-1126.

14. von Arnim, C, Herbolsheimer, F, et al. Dietary Antioxidants and Dementia in a Population-Based Case-Control Study among Older People in South Germany. *Journal of Alzheimer's Disease* 2012; JAD 31(4):717-24.

15. Hucklenbroich, J, Klein, R, et al. Aromatic-turmerone induces neural stem cell proliferation in vitro and in vivo. *Stem Cell Research & Therapy* 2014; 5(4): 100 DOI: 10.1186/scrt500

16. Valls-Pedret, C, Sala-Vila, A ,et al. Mediterranean Diet and Age-Related Cognitive Decline: A Randomized Clinical Trial. *JAMA Internal Medicine* 2015; 175(7):1094-1103.

17. Katergaris, N, Dufficy, L, et al. Green tea catechins as neuroprotective agents: systematic review of the literature in animal pre-clinical trials. *Advances in Food Technology and Nutritional Sciences* 2015; 1(2): 48-57.

18. Willette, A, Bendlin, B, et al. Association of Insulin Resistance With Cerebral Glucose Uptake in Late Middle-Aged Adults at Risk for Alzheimer Disease. *JAMA Neurology* 2015; DOI: 10.1001.

19. Molten, R, Barnard, R, et al. A high-fat, refined sugar diet reduces hippocampal brain-derived neurotrophic factor, neuronal plasticity, and learning. *Neuroscience* 2002; 112(4):803-14.

20. Kiraly, S, Kiraly, M, et al. Vitamin D as a neuroactive substance: review. *ScientificWorld Journal* 2006; January 26; 6: 125–139.

21. Martin, B, Attson, MP, Maudsley, S. Caloric restriction and intermittent fasting: Two potential diets for successful brain aging. *Ageing Research Reviews* 2006; 5(3): 332–353.

22. Figures obtained under Freedom of Information legislation from the NHS Business Services Authority, by the Co-operative Pharmacy.

23. *Energy Drink Sales Set to Reach £1 Billion*. Mintel. August 2005.

24. Hirshkowitz, M, Whiton, K, et al. National Sleep Foundation's sleep time duration recommendations: methodology and results summary. *Sleep Health* 2015; 1(1):40-43.

25. Alhola, P, Polo-Kantola, P. Sleep deprivation: Impact on cognitive performance. *Neuropsychiatric Disease and Treatment* 2007; 3(5): 553-567.

26. Van Dongen, H, Maislin, G, et al. The cumulative cost of additional wakefulness: dose-response effects on neurobehavioral functions and sleep physiology from chronic sleep restriction and total sleep deprivation. *Sleep* 2003; 15;26(2): 117-26.

27. Sexton, CE, Storsve, AB, et al. Poor sleep quality is associated with increased cortical atrophy in community-dwelling adults. *Neurology* 2014; 83(11): 967-973.

28. Sadigh-Eteghad, S, Sabermarouf, B, et al. Amyloid-beta: a crucial factor in Alzheimer's disease. *Medical Principles and Practice* 2015; 24:1-10.

29. Rosekind, M, Smith, R, et al. Alertness management: strategic naps in operational settings. *Journal of Sleep Research* 1995; Dec;4(S2):62-66.

30. Eagleman, D. *The Brain: The Story of You*. Canongate Books; 2015.

31. Maguire, E, Woollett, K, Spiers, H. London taxi drivers and bus drivers: a structural MRI and neuropsychological analysis. *Hippocampus* 2006;16(12):1091-101.

32. Marian, V, Shook, A. The Cognitive Benefits of Being Bilingual. *Cerebrum: The Dana Forum on Brain Science*; 2012;13.

33. Gaser, C, Schlaug, G. Brain Structures Differ between Musicians and Non-Musicians. *The Journal of Neuroscience* 2003; 23(27): 9240-9245.

34. Forgeard, M, Winner, E, et al. Practicing a Musical Instrument in Childhood is Associated with Enhanced Verbal Ability and Nonverbal Reasoning. *PLoS ONE* 2008; 3(10): e3566. doi:10.1371/journal.pone.0003566

35. Scholz, J, Klein, MC, et al. Training induces changes in white matter architecture. *Nature Neuroscience* 2009; 12(11): 1370-1371.

36. Chapman, S. Hours of labour, *Economic Journal* 1909; 19: 353-373.

37. Ferris, T. *The 4-Hour Work Week: Escape 9-5, Live Anywhere, and Join the New Rich*. Crown Publishing Group; 2007.

38. Rubinstein, J, Meyer, D, Evans, J. Executive Control of Cognitive Processes in Task Switching. *Journal of Experimental Psychology: Human Perception and Performance* 2001; 27(4): 763-797.

39. Rogers, R, Monsell, S, et al. Depth of processing and the retention of words in episodic memory. *Journal of Experimental Psychology* 1995; General 124(2): 207-231.

40. Sanbonmatsu, D, Strayer, D, et al. Who Multi-Tasks and Why? Multi-Tasking Ability, Perceived Multi-Tasking Ability, Impulsivity, and Sensation Seeking. *PLoS ONE* 2013; 8(1): e54402. doi:10.1371/journal.pone.0054402.

41. Janssen, C, Gould, S, et al. Integrating knowledge of multitasking and interruptions across different perspectives and research methods. *International Journal of Human-Computer Studies* 2015; 79: 1-5.

42. Mark, G, Gudith, D, Klocke, U. The cost of interrupted work: more speed and stress. *CHI '08 Proceedings of the SIGCHI Conference on Human Factors in Computing Systems* 2008: 107-110.

43. Meeker, M, Wu, L. *Kleiner Perkins Caufield & Byers's annual Internet Trends report*; 2013.

44. Loh, K, Kanai, R. Higher Media Multi-Tasking Activity Is Associated with Smaller Gray-Matter Density in the Anterior Cingulate Cortex. *PLoS ONE* 2014; 9(9): e106698. doi:10.1371/journal.pone.0106698.

45. Allen, D. *Getting Things Done: The Art of Stress-Free Productivity* (2 ed.). Penguin Books; 2015.

46. Jarosz, A, Colflesh, G, Wiley, J. Uncorking the muse: Alcohol intoxication facilitates creative problem solving. *Consciousness and Cognition* 2012; 21(1): 487-493.

47. Oppezzo, M, Schwartz, D. Give Your Ideas Some Legs: The Positive Effect of Walking on Creative Thinking. *Journal of Experimental Psychology: Learning, Memory, and Cognition* 2014; 40(4): 1142-1152.

48. Jung-Beeman, M, Bowden, EM, Haberman, J, Frymiare, JL, Arambel-Liu, S, Greenblatt, R, et al. Neural Activity When People Solve Verbal Problems with Insight. *PLoS Biology* 2004 2(4): e97.

49. Fink, A, Benedek, M. EEG alpha power and creative ideation. *Neuroscience and Biobehavioral Reviews* 2014; 44(100): 111-123.

50. Capurso, V, Fabbro, F, Crescentini, C. Mindful creativity: the influence of mindfulness meditation on creative thinking. *Frontiers in Psychology* 2013; 4:1020.

51. Wieth, MB, Zacks, R. Time of day effects on problem solving: When the non-optimal is optimal. *Thinking & Reasoning* 2011; Vol: 17(4).

52. Davidson, R, Kabat-Zinn, J, et al. Alterations in brain and immune function produced by mindfulness meditation. *Psychosomatic Medicine* 2003; Jul-Aug; 65(4): 564-570.

53. Black, D, O'Reilly, G, et al. Mindfulness Meditation and Improvement in Sleep Quality and Daytime Impairment Among Older Adults With Sleep Disturbances. *JAMA Internal Medicine* 2015;175(4):494-501.

54. Goldin, PR, Gross, JJ. Effects of mindfulness-based stress reduction (MBSR) on emotion regulation in social anxiety disorder. *Emotion* 2010: 10(1): 83-91.

55. Hölzel, BK, Carmody, J, et al. Mindfulness practice leads to increases in regional brain grey matter density. *Psychiatry Research* 2011: 191(1): 36-43.

56. Moore, A, Malinowski, P. Meditation, mindfulness and cognitive flexibility. *Consciousness and Cognition* 2009; Mar;18(1): 176-86.

57. Lazar, S, Kerr, C. Meditation experience is associated with increased cortical thickness. *Neuroreport* 2005; 16(17), 1893–1897.

58. Langer, Ellen J. *Counter clockwise: mindful health and the power of possibility*. New York: Ballantine Books; 2009.

59. Crum, A, Langer, E. Mind-Set Matters. Exercise and the Placebo Effect. *Psychological Science* 2007; February, 18(2): 165-171.

60. Emmons, R, McCullough, M. Counting blessings versus burdens: an experimental investigation of gratitude and subjective well-being in daily life. *The Journal of Personality and Social Psychology* 2003; Feb, 84(2): 377-89.

61. Shackell, EM, Standing, LG. Mind over matter: mental training increases physical strength. *North American Journal of Psychology* 2007; 9: 189-200.

62. Pascual-Leone, A, Nguyet, D, et al. Modulation of muscle responses evoked by transcranial magnetic stimulation during the acquisition of new fine motor skills. *Journal of Neurophysiology* 1995; Sep;74(3): 1037-45.

63. Choe, J, Coffman, BA, Bergstedt, DT, Ziegler, M, Phillips, ME. Transcranial direct current stimulation modulates neuronal activity and learning in pilot training. *Frontiers in Human Neuroscience* 2016; 9 February.